1209
1209

Eisenbahnen

Lokomotiven aus aller Welt

Von Victor Hand und Harold Edmonson

SÜDWEST-VERLAG MÜNCHEN

Titel der englischen Originalausgabe:
The Love of Trains
Übersetzung ins Deutsche: Dagmar Türck
Bearbeitung: Hans Werner Locke

4. Auflage 1986 · 36.–40. Tausend

ISBN 3 517 00609 2

First published 1974 by Octopus Books Limited
59 Crosvenor Street, London W 1

Produced by Mandarin Publishers Limited
22a Westlands Road, Quarry Bay, Hong Kong

Umschlag: Manfred Metzger, München

Inhalt

NEW YORK CENTRAL
NEW YORK CENTRAL

Einführung

Eisenbahnen haben etwas Geheimnisumwittertes, das überall auf der Erde die Menschen in ihren Bann zieht. Ein einsamer Pfeifton in der Nacht, ein kilometerlanger, durch die Landschaft kriechender Güterzug, eine stampfende Lokomotive, das Symbol reiner Kraft . . . dies sind nur einige Impressionen aus der faszinierenden Welt der Eisenbahnen.
Wenn diese Bilder, die durchaus im alltäglichen Erfahrungsbereich liegen, schon so viel magische Anziehungskraft ausüben, welche Begeisterung mag die Eisenbahn dann erst hervorrufen, wenn sie Außergewöhnliches zu bewältigen hat – wenn sie technische Höchstleistungen erbringen muß, um den vielfältigen geographischen, meteorologischen und beförderungstechnischen Schwierigkeiten gerecht zu werden?
Um die Antwort auf diese Frage zu finden, fuhren die Autoren des vorliegenden Buches durch sechs Kontinente. Ihr Ziel war es, jene Strecken und Züge aufzuspüren und in Wort und Bild vorzustellen, welche die Eisenbahn in ihrer dramatischsten Form repräsentieren. Sie konzentrierten sich deshalb vor allem auf schwere Güterzüge. Ihr Hauptaugenmerk galt dabei der im Aussterben begriffenen Dampflokomotive, der lebendigsten, eindrucksvollsten und dramatischsten aller Erfindungen auf dem Gebiet der Technik.
Als die Autoren beobachteten, wie die mächtigen Dampflokomotiven sich mit ihrer Last von Fracht und Passagieren bis auf die Höhen der Anden hinaufkämpften, als sie eine endlose, über die Wüstenebenen Südafrikas rollende Parade von Güterzügen fotografierten, und als sie mit der Eisenbahn durch die japanischen Wälder fuhren, da waren sie überwältigt von dem dramatischen Geschehen, das sich vor ihren Augen abspielte. Nur ein Ausdruck schien ihnen angemessen, dieses Erlebnis in Worte zu fassen: das große Abenteuer.
Das große Abenteuer zeigt die Eisenbahn in ihrer eindrucksvollsten Form. Das große Abenteuer ist eine emotionale und visuelle Erfahrung. Auf den folgenden Seiten möchten die Autoren den Leser an dieser außergewöhnlichen Geschichte einer Eisenbahnfahrt rund um die Welt in Wort und Bild teilnehmen lassen.

(a)

(b)

(c)

a) Ein von zwei Lokomotiven gezogener Güterzug der South African Railways im Oranje-Freistaat.

b) Eine 2D1-Personenzuglokomotive geht — frisch gestrichen — wieder auf die Strecke, nachdem sie in den Werkstätten von Bloemfontein generalüberholt worden ist.

c) Die letzte noch arbeitende Dampflokomotive der Union Pacific Railroad vom Typ 8444 bei Medicine Bow im Staat Wyoming an der Spitze eines Ausflugszuges nach Osten, Richtung Denver.

d) Ein westwärts fahrender Güterzug der Western Pacific Railroad passiert den malerischen Feather River Cañon bei Pulga in Kalifornien.

e) Ein westwärts fahrender Güterzug der Southern Pacific Railroad bei Truckee in Kalifornien in den Bergen der Sierra Nevada.

f) Ein von zwei Lokomotiven gezogener Güterzug der South African Railways nähert sich dem Lootsberg-Paß bei Middelburg in der Kap-Provinz.

g) Ein Güterzug der argentinischen Eisenbahnen kämpft sich unter einer schwarzen Wolke von Ölrauch bergan zur bolivianischen Grenze.

(d)

(e)

(f)

(g)

Die New-York-Central-Linie

Das schönste Schauspiel der Welt

In unserer Jugend gab es einen Begriff im Eisenbahnwesen, der auf unsere junge, leicht erregbare Phantasie wie ein Zauberwort wirkte. Er hieß: »Viergleisige Hauptstrecke«. Obwohl es in den Vereinigten Staaten viele viergleisige Strecken gab, wurde der Begriff vor allem auf die beiden amerikanischen Eisenbahnriesen angewendet: die Pennsylvania- und die New-York-Central-Bahn. Und man verstand darunter insbesondere die viergleisigen Hauptlinien zwischen New York City im Osten und Chicago im Mittelwesten. Man stelle sich vor . . . Zwei dynamische, mächtige, beeindruckende Bahnen, von denen jede vier Gleise benötigte, um Passagiere und Fracht über die rund 1500 Kilometer zwischen den beiden Hauptstädten des blühenden modernen Amerikas zu transportieren. Pennsylvania, die »Bahn aller Bahnen«, leitet den Namen ihres berühmten stromlinienförmigen Nachtzuges, des »Broadway Limited«, wohl eher von dem viergleisigen „breiten Weg“ ab als von der berühmten Theaterstraße in Manhattan an der Endstation des Zuges.

York-Central- und die Pennsylvania-Linie für den Erwachsenen nicht minder fesselnd. Denn diese legendären Eisenbahnstrecken existieren nicht mehr. Bei der New York Central vollzog sich der Umschwung in den frühen fünfziger Jahren. Zuerst kamen die Diesellokomotiven, und mit ihrem Erscheinen verschwanden die Wasserbehälter und die Kohlenbunker. Dann kam die zentrale Betriebssteuerung, die eine wesentlich bessere Streckenauslastung ermöglichte und mit ihr die Reduzierung von vier auf zwei Gleise – ausgenommen die Überholgleise. Anstelle der abgetragenen zwei Gleise blieb die »längste ungepflasterte Straße Amerikas« zurück, wie einige Spaßvögel es ausdrückten. Die übermächtige Konkurrenz der Highways und der Flugzeuge hatte eine Drosselung des Personenzugverkehrs zur Folge, und kurz darauf wurde der Frachtverkehr eingeschränkt. Übrig blieb allein das Skelett der einst so großen New York Central . . . oder so glaubte man wenigstens. Als in den sechziger Jahren der Eisenbahnverkehr wieder zunahm, zeigte es sich, daß dieses Gerippe immer noch genügend Muskeln besaß, es hatte nur an Fett verloren.

New York Central, die zweitlängste Eisenbahnlinie, erklärte ihre viergleisige Linie zur »Water Level Route« und schickte die unvergleichliche »Twentieth Century Limited« darüber. New York Central wurde sowohl die Linie der 2C2-Hudsons von der Baureihe J (sie galten als schönste Dampflokomotiven der Vereinigten Staaten, wenn nicht sogar der ganzen Welt), als auch der 2D1-Mohawk-Güterzugloks und der stämmigen 2D2-Mehrzweck-Niagaras. Um die schier endlose Parade von Dampflokomotiven mit Heizmaterial zu versorgen (die New York Central besaß 275 Hudsons, 600 Mohawks und 27 Niagaras), errichtete die Eisenbahngesellschaft an versorgungstechnisch wichtigen Punkten riesige Kohlenbunker direkt über den Schienen und brachte Wasserrinnen zwischen den Gleisen an. So konnten die Lokomotiven mit einem Schöpfrüssel ohne großen Aufenthalt »auftanken«.
Die New York Central war nicht auf dem ganzen Weg durch den Staat New York viergleisig. Nördlich von Poughkeepsie gab es einen Abschnitt, wo zwischen dem Hudson und den Hängen der Hudson-Hochfläche die Streckenführung zweigleisig war. Andererseits war die New York Central zwischen New York City und Buffalo jedoch eine sechsgleisige Linie, wenn man die parallel dazu verlaufende zweigleisige Westküstenlinie über den Hudson und den Mohawk hinzurechnet.
Sagten wir, das Bild von der viergleisigen Eisenbahn sei faszinierend für uns Jugendliche gewesen? Im Rückblick ist die alte New-

Für die New-York-Central-Linie schlug in der Mitte der sechziger Jahre die größte Stunde – unglücklicherweise war es auch die letzte –, als die in Hochkonjunktur befindliche Wirtschaft sich wieder auf den Schienenverkehr besann. Ein einfallsreiches Management führte die völlig neue Huckepackmethode ein: Auto- und Wohnwagentransporte auf Spezialwagen.
Im Drama um die viergleisigen Linien beeinträchtigten Hunderte von unwirtschaftlichen Nebenlinien und kostenintensiven Kopfbahnhofsanlagen zusehends die Rentabilität. Deshalb waren die beiden konkurrierenden Giganten »Central« und »Pennsy« gezwungen, Absprachen zu treffen. Aber selbst die Fusion von Pennsylvania und New York Central brachte keine Sanierung. Die Schnellzüge jedoch rollten weiterhin durch Albany, durch Utica, durch Syracuse, durch Rochester . . . Und solange sie fuhren, blieb es, wie ein Präsident der New York Central einmal sagte, »das schönste Schauspiel der Welt«.

Oben: Die berühmte »Twentieth Century Limited« der New York Central passiert Breakneck Point im Tal des Hudson auf der letzten Etappe der Fahrt von Chicago nach New York. Die ehemals viergleisige Strecke ist nur mehr zweigleisig.

Rechts: Die ersten in Nordamerika im Güterverkehr eingesetzten Diesellokomotiveinheiten ziehen einen Güterzug der NYC über den Mohawk ostwärts nach Pattersonville im Staat New York.

1688
NEW YORK
CENTRAL
SYSTEM

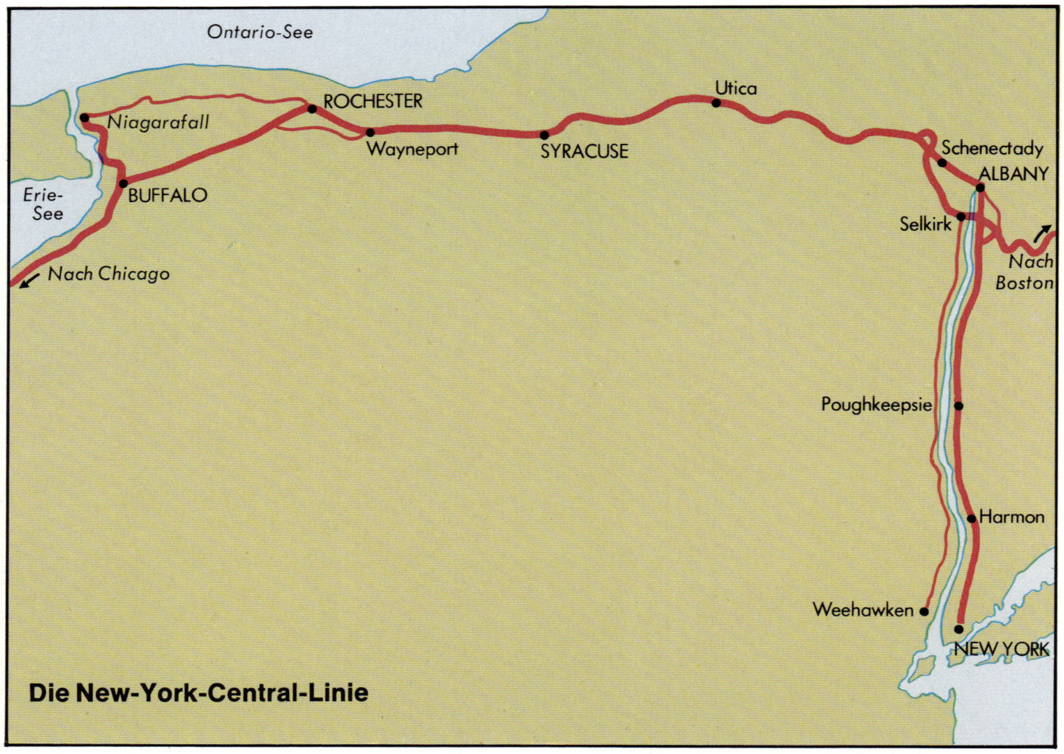

Rechts oben: Leere dreistöckige Autoplattformwagen hinter einer Güterzuglokomotive vom Typ ML-9 bei Wayneport/New York auf der Fahrt nach Detroit. Zur Rechten sieht man Gleise der Westküstenlinie und in der Ferne den vereisten Bahnsteig.

Rechts unten: Eine 2D1-Lok der Dreitausenderserie der NYC verläßt unter Volldampf das Wayneport-Kohlendock. Eine 2C2 mit einem Schnellzug ist dabei, den Güterzug zu überholen.

Unten: Ein langer Autozug auf der Fahrt von New York City nach Detroit, der von drei Diesellloks der zweiten Generation gezogen wird, kommt in Batavia/New York an.

2849
2849
CENTRAL
NEW YORK CENTRAL
CENTRAL
2849

3060

Rechts: Auf dem Weg von Weehawken in New Jersey nach dem nördlich gelegenen Albany fährt eine kleine 2C1-Lokomotive einer regionalen Personenzuglinie unter der Bear-Mountain-Highway-Brücke hindurch. Der Zug fährt auf der Westküstenstrecke den Hudson entlang. Die Schienenstränge der Chicago-New-York-Hauptlinie der New York Central sieht man im Hintergrund auf der anderen Flußseite.

Rechts oben: Innerhalb der Stadtgrenzen von New York: eine elektrische Lokomotive mit einem Personenzug fährt die letzte Etappe der Strecke Buffalo—New York am Harlem entlang.

Unten: Am Bear Mountain war niemals Platz für vier Gleise. Ein innerstaatlicher Schnellzug (Buffalo—New York) beansprucht gerade eines der beiden Gleise.

4073
NEW YORK CENTRAL
4073
NEW YORK
CENTRAL
SYSTEM

»Union Pazific«
Mit 145 Kilometer in der Stunde durch den Wilden Westen

Eine Eisenbahnkarte des amerikanischen Westens zeigt, welche Bedeutung der Staat Wyoming für die Union Pacific Railroad und die Vereinigten Staaten hat. Von Westen her treffen die beiden von Los Angeles über Ogden sowie von Portland kommenden Union-Pacific-Linien in Wyoming zusammen. Die Anschlußlinien von und nach San Francisco werden von der Union Pacific knapp vor der Staatsgrenze von Wyoming übernommen. Von Osten, von Omaha und Kansas City, laufen ebenfalls mehrere von Union Pacifics eigenen Hauptlinien in Wyoming zusammen. Im Zentrum Wyoming mündet dieses immense Verkehrsaufkommen in eine einzige beherrschende Eisenbahnlinie ein, die sich an der Staatsgrenze wieder in mehrere Richtungen verzweigt. Das mächtigste Hindernis, das der Union-Pacific-Verkehr zu überwinden hat, ist der im Osten des Staates zwischen Cheyenne und Laramie gelegene »Sherman Hill«. Seine Hänge sind nicht allzu steil. Deshalb wählten ihn 1866 die Ingenieure der »Union Pacific« für die Paßstrecke über die Rocky Mountains. Durch Nivellierungsbauten konnte das Gefälle auf 8,2 Promille (bei der Bahn werden Steigungen stets pro Tausend angegeben) herabgesetzt werden. Sherman Hill ist auch nicht unbedingt der landschaftlich schönste Abschnitt; nüchtern gesehen war die Strecke sogar langweilig. Erst die 1953 gebaute neue Westlinie südlich der alten Originaltrasse führt durch Schluchten und über Dämme und erschloß eine wilde, unberührte Landschaft.

Noch vor nicht allzulanger Zeit wurde die Lokomotivenparade über den Sherman Hill und durch Wyoming von 1D+D, 2D2 und 2C+C2 Challengers und den größten überhaupt je gebauten Dampflokomotiven, den 2D+D2 Big Boys, angeführt. Als man vom Dampfbetrieb abging, wurde der Gütertransport zum Teil von speziell für diese Strecke gebauten 4500- und 8500-PS-Gasturbinenlokomotiven übernommen, den neuen Symbolen des Gigantismus der Union Pacific. Später gab die Union Pacific als einzige der US-Eisenbahngesellschaften bei den Dieselmotorfabrikanten spezielle zweimotorige Diesellokomotiven in Auftrag, die zum Teil auf 12 und 16 angetriebenen Achsen liefen oder mindestens so viele Treibachsen besaßen wie die Challengers und die Big Boys. Die Union-Pacific-Linie war ein Teil der ersten amerikanischen transkontinentalen Eisenbahn. 1969 bestellte die Gesellschaft bei Electro-Motive die damals stärkste Diesellok, das Jahrhundertmodell DDA 40x mit 6600 PS Leistung.

Die mächtigen Diesellokomotiven stellten am Sherman Hill zwar neue Streckenrekorde auf, doch eine viel unauffälligere, aber bedeutendere Veränderung vollzog sich auf der restlichen durch Wyoming führenden Strecke. Auf den 566 Kilometern zwischen Laramie und Evenston durchzog die Union Pacific diese Landschaft der Schieferberge mit einer fast schnurgerade verlaufenden Trasse, die im Lauf der Jahre noch einmal neu verlegt und begradigt wurde und sich so zu einer Superstrecke entwickelte, auf der bis zu 145 Kilometer in der Stunde gefahren wird, sogar mit Güterzügen!

Oben: Eine riesige Gasturbinenlokomotive der Union Pacific mit 8500 PS verläßt Green River in Wyoming mit Fahrtziel Cheyenne.

Unten: Zwei Centennial-Einheiten mit 6600 PS, die stärksten Diesellocks der Welt, verstärkt durch eine dritte zweimotorige Diesellok, fahren am Dale Creek in Wyoming entlang auf dem Weg zur Paßhöhe des berühmten Sherman Hill.

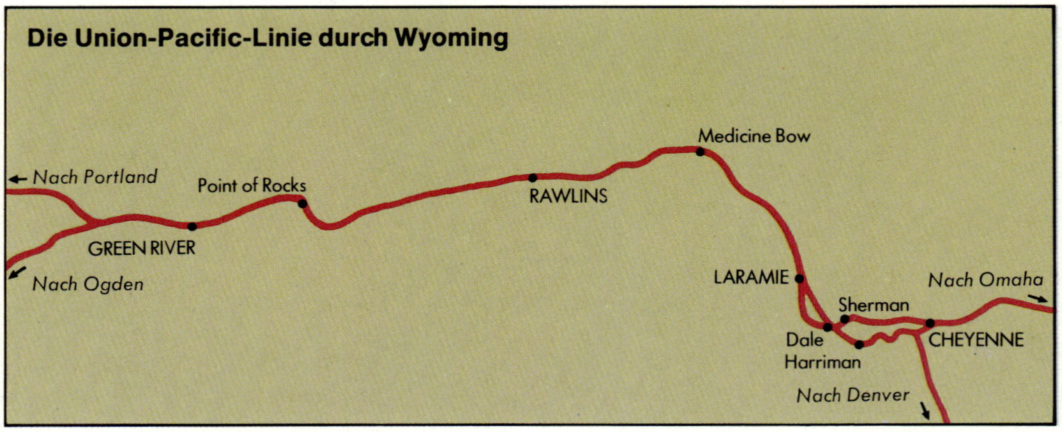

UNION
PACIFIC
28

UNION PACIFIC
UNION PACIFIC

Ganz oben: Ein nach Osten fahrender Güterzug der Union Pacific, der unter anderem acht japanische Container mit sich führt, nimmt die erste Kurve, nachdem er den Sherman Hill beim Sherman-Bahnhof erklommen hat.

Oben: Nummer 4019, eine von Union Pacifics berühmten »Big Boys«, donnert durch den Einschnitt am Sherman Hill bei Hermosa. Diese Loks konnten nur durch gewaltige Gasturbinenlokomotiven abgelöst werden.

Die nordamerikanischen Reisezüge

In ihrer Glanzzeit waren die amerikanischen Züge unübertroffen, sowohl in bezug auf luxuriöse Ausstattung wie auch auf Service. Es war auch die Zeit vieler bahntechnischer Erfindungen und Entwicklungen: 1859 konstruierte G. M. Pullman den ersten verwendungsfähigen Schlafwagen; 1887 ließ er sich den Faltenbalg als Wagenverbindung patentieren; 1933 brachte die Firma Pullman den ersten Aussichts-Salon-Schlafwagen in Ganz-Aluminium-Bauweise; 1945 stellte Chicago, Burlington & Quincy erstmals den modernen Glaskuppelwagen vor. Diese Wagen leiteten jeweils eine eigene Ära in der Geschichte des amerikanischen Personenzuges ein: die Ära des üppig ausgestatteten Holzwagens, die Ära der luxuriösen Ganzmetallwagen und die Ära der Leichtmetall-Stromlinienzüge, die mit den Glaskuppelwagen ihren Höhepunkt erreichte. Die schönsten Eisenbahnfahrzeuge, die Amerika jemals besaß, gingen nach dem Zweiten Weltkrieg auf die Schienen.

Als in den fünfziger Jahren die Personalkosten den Eisenbahnverkehr verteuerten und die Züge zudem nicht genügend ausgelastet waren, verringerten sich Transportqualität und Verkehrsangebot auf der Schiene. In den sechziger Jahren, als viele Länder immer bessere und schönere Züge einsetzten, erlebte der amerikanische Personenzug das traurigste Kapitel seiner Geschichte. Doch selbst in diesen mageren Zeiten hatte er seinen unbestreitbaren Anteil am großen Eisenbahn-Abenteuer. Grund dafür waren nicht zuletzt die farbenprächtige Bemalung eines Santa-Fé-Diesels, die großartige Landschaft, die der »California Zephyr« durchfuhr, und die Stromlinienzüge auf dem viergleisigen Nordost-Korridor nach Florida. Zumindest solange die Erie-Lackawanna die Farben der Dieselzugmaschinen ihres »Phoebe Snow« auf die Herbstfarben der Bäume neben der Strecke abstimmte, solange die Passagiere von Delaware & Hudson aus dem gleichen Fenster des »Laurentian« den Lake Champlain und die klassische Nase der Alco-PA-Diesellok sehen konnten und solange der Tehachapi Loop in Kalifornien das Stampfen einer »Daylight« der Southern Pacific zu spüren bekam, konnte der Reisezug noch Begeisterung auslösen.

Die Ära des privaten amerikanischen Personenzugbetriebes endete am 1. Mai 1971, als eine halbstaatliche Gesellschaft namens Amtrak die Verwaltung fast aller Personenzuglinien des Landes übernahm. Zwar wurden viele Züge aus dem Verkehr gezogen, doch denen, die blieben, ließ man eine verbesserte Ausstattung und sorgfältige Pflege zukommen.

Unten: Eine weitere klassische Lokomotive, eine elektrische 2C'C'2 der Penn-Central-Linie, passiert Secausus in New Jersey mit einem Wagenzug für den Bahnhof Penn im Staat New York.

Rechts: Der »Laurentian« von Delaware & Hudson fährt am Ufer des Lake Champlain im nördlichen Teil des Staates New York entlang. Eine klassische flachnasige Alco-PA-Diesellok aus dem Jahr 1946 liefert die Zugkraft.

Links: Die Canadian National bietet hervorragende Zugverbindungen zwischen Toronto und Montreal, und das nicht zuletzt dank ihrer berühmten Rapido-Züge. Hier verläßt ein Rapido den Union-Bahnhof in Toronto.

Mitte: Ein Sonderzug der Central Railway of New Jersey, besetzt mit Rennsport-Fans aus Monmouth Park, überquert den Raritan bei Perth Amboy in New Jersey. Der Zug bedient sich einer Zug- und einer Schiebelokomotive.

Unten: Die vertraute Skyline von Chicago bildet den Hintergrund für die Abfahrt des »Grand Canyon« der Santa-Fé-Linie, der den Dearborn-Bahnhof in Richtung Los Angeles verläßt.

Oben: Reisezüge brauchten anderthalb Tage, um die riesigen Entfernungen des amerikanischen Westens zu durchmessen. Endlose Weite ringsum, wenn die »City of Portland« der Union Pacific den Sherman Hill hinaufzieht.

Rechts: Von den beiden Linien der Union Pacific zwischen Los Angeles und San Francisco besticht vor allem die Küstenstrecke durch ihre landschaftlichen Reize. Der »Coast Daylight«, der dort entlangfährt, wurde deshalb zu einem der berühmtesten Züge Amerikas. Dagegen ist »San Joaquin Daylight«, ein Zug der Talstrecke, hier in einer Abbildung aus dem Jahre 1971 zu sehen. Mit einer einmotorigen Diesellok, einem Gepäckwagen, einem Imbißwagen, Personenwagen und Aussichtswagen fährt er zum Tehachapi Loop hinauf, dem bemerkenswertesten technischen Meisterwerk des Westens.

Unten: Nach weitverbreiteter Ansicht befuhr der »California Zephyr« die schönste aller Personenzugstrecken der Welt. Man ist geneigt, dem zuzustimmen, wenn man ihn auf der Abbildung betrachtet, wie er westwärts durch einen Tunnel im Gore Cañon bei Radium in Colorado zieht.

Rechte Seite: Nicht die gesamte Strecke des »California Zephyr« führt zwischen Cañon-Wänden hindurch. Die Passagiere in den fünf Panoramawagen des westwärts fahrenden Zuges haben einen unmittelbaren Blick auf die baumbewachsenen Hügel des Colorado-Hochlandes in der Nähe der State-Brücke. Der Zug befährt an dieser Stelle die Rio-Grande-Linie.

5551

Oben: Die verschneiten Hügel von Zentral-Pennsylvania bilden einen reizvollen Gegensatz zu den dunkelroten Lokomotiven und Wagen des »Baltimore Day Express« der Pennsylvania Railroad. Der Zug setzt sich aus einem Personenwagen und fünf Postwagen zusammen.

Links: Eine Elektrolokomotive der New Haven rattert über die Harlem-Zugbrücke bei der 138. Straße in New York City nach der Ausfahrt aus dem Grand-Central-Bahnhof. Die Stromabnehmer sind eingeklappt, weil die Lokomotive auf diesem Streckenabschnitt die elektrische Energie von einer besonderen Stromschiene bezieht.

Rechts: Eine 1968 gebaute zweimotorige Diesellokomotive erklimmt mit dem »Super Chief/El Capitan« der Santa-Fé-Linie den Raton-Paß in New Mexico.

Links unten: Nordamerikas älteste Eisenbahngesellschaft, die Baltimore & Ohio, schickt Zug Nr. 8, den »Shenandoah«, durch die Cumberland-Schlucht bei Cumberland, Maryland. Die Diesellok Nr. 1454 ist mit sechs Wagen unterwegs nach Washington, D.C.

101
SANTA FE
101

Die Rio-Grande-Schmalspurbahn

Ein Relikt aus der Goldgräberzeit

Während der Jahre nach dem Zweiten Weltkrieg waren die Schmalspurlinien von Denver & Rio Grande Western in Colorado und New Mexico echte Anachronismen. Um die Gold- und Silberschätze der Rocky Mountains auf dem schnellsten und billigsten Weg abbauen und fortschaffen zu können, hatte man nach 1870 eine rund 3200 Kilometer lange Schmalspurtrasse mit 914 Millimeter Spurweite gelegt. Zu Anfang des 20. Jahrhunderts hatten sich die Edelmetallquellen erschöpft, und nur 890 Kilometer blieben nach dem Zweiten Weltkrieg noch übrig; bis 1956 schrumpfte die Route auf 425 Kilometer zusammen. Lediglich die Linien von Alamosa nach Durango, von Durango nordwärts nach Silverton und südwärts nach Farmington blieben erhalten.

Die Silverton-Linie wurde sehr schnell wegen ihrer landschaftlich außerordentlich reizvollen Streckenführung berühmt. Normalerweise wäre die Strecke von Alamosa nach Farmington aufgelassen worden, doch neuentdeckte Bodenschätze bescherten der Schmalspurbahn eine erneute Gnadenfrist. In den fünfziger Jahren entdeckte man bei Farmington Erdgas. Da der Straßenausbau in dieser Gegend völlig unzureichend war, mußte alles Notwendige mit der Bahn herbeigeschafft werden, und der Bahnbetrieb florierte wie in alten Zeiten, da der Güterverkehr fast genauso ablief wie vor 50 oder 75 Jahren. Nur die Lokomotiven waren neueren Datums: eine Gruppe von 2-8-2-Maschinen – umgebaute ehemalige 1D-Loks für Normalspur, Baujahr 1928 und 1930 – und eine Anzahl von 1D1-Loks von 1925. Ein großer Teil des rollenden Materials stammte jedoch aus der Zeit der Jahrhundertwende, und der Betrieb der Strecke wurde noch immer mit Telegraf und Zugmeldung durchgeführt.

Die Zugfolge richtete sich nach einem genau ausgeklügelten Plan. Die Züge fuhren am gleichen Tag in Alamosa und Durango ab und trafen sich nachts in Chama. Am zweiten Tag wurde

der ostwärts fahrende Zug, der im Herbst hauptsächlich Holz und Schafe transportierte, von der Alamosa-Besatzung in zwei oder drei Teile geteilt, die nacheinander die berühmte Cumbres-Steigung hinaufgebracht wurden. In der Zwischenzeit kehrte die Durango-Besatzung mit dem westwärts fahrenden Zug nach Hause zurück. Am dritten Tag fuhr der ostwärts gerichtete Zug von Cumbres wieder im ganzen nach Alamosa weiter, während der andere nach Farmington dampfte. Während der betriebsamsten Jahre wurde die Schmalspurlinie praktisch das ganze Jahr hindurch von zwei Zügen wöchentlich befahren. Als in den Gasfeldern alle Rohre gelegt waren und die Gegend über bessere Straßen verfügte, wurden die Züge nur noch einmal wöchentlich eingesetzt und das nur während der Sommermonate. Die Strecke im verschneiten Winter betriebsbereit zu halten, war ein zu aufwendiges und kostspieliges Unterfangen. 1968 fuhren im ganzen Jahr nur noch vier Güterzüge. Die seltenen Dampflokomotiven vom Mikado-Typ legten allmählich mehr Kilometer für die Filmemacher aus Hollywood zurück als für die örtlichen Auftraggeber. Der lebhafte Güterzugverkehr vom November 1968 sollte das letzte einträgliche Transportgeschäft bleiben. Die Silverton-Linie blieb als Touristenattraktion erhalten. Die Schienenstränge von Farmington und Durango nach Chama wurden herausgerissen.

Und doch fand die Geschichte ihr glückliches Ende: Die Staaten New Mexico und Colorado kauften den malerischen Abschnitt von Chama nach Antonito – 108 kurvenreiche Kilometer – und verpachteten sie an das Touristikunternehmen Cumbres & Toltec Scenic Railway. Die neuen Besitzer erwarben sich große Verdienste. Im völligen Gegensatz zur Rio-Grande-Eisenbahngesellschaft in Durango, welche die Strecke modernisierte und die alten Gebäude aus der Zeit abreißen ließ, versucht die Cumbres & Toltec Scenic, die originalen Zeugen des 19. Jahrhunderts am Leben zu erhalten.

Linke Seite: Scheinwerfer und der Schein des Vollmondes beleuchten die beiden 1D1-Loks, die vor dem Lokomotivschuppen der Denver & Rio Grande Western in Chama dahindösen.

Unten: Die Nr. 483, eine 1925 von Baldwin gebaute 1D1-Lok für 914 Millimeter Spurweite, kommt von Chama in New Mexico und donnert unter einer Wolke von schwarzem Rauch nach Westen.

Rechts: Datum: 29. August 1968. Ort: Florida Hill, die letzte Steigung vor der Endstation Durango. Anlaß: die vorletzte Fahrt eines Güterzuges auf der Rio-Grande-Schmalspurstrecke.

Links: In der wilden Hügellandschaft von New Mexico und Colorado konnte man auf vielen Streckenkilometern nicht mit dem Auto bis an die Schmalspurlinie der Denver & Rio Grande Western herankommen. Die große Hufeisenkurve bei Los Pinos war die erste Stelle, wo die Eisenbahn-Fans die westwärts nach Chama fahrenden Güterzüge ins Blickfeld bekamen. Während der strahlenden Herbstnachmittage saßen die Fotografen voller Unruhe auf ihrem Wachtposten und hofften darauf, daß der Zug auftauchte, bevor die Sonne hinter einem Berg in ihrem Rücken verschwand. Viele Male verloren die Fotografen den Wettlauf mit der Sonne, aber als sie gewannen ... nun, das Ergebnis mag für sich selber sprechen.

Unten: Die Rohrladungen, die das Leben der Schmalspurbahn verlängerten, zeigt diese Breitansicht des Zuges mit der Lok Nr. 493 bei Los Pinos.

Rio Grande
483

Rio Grande
487

Links: Mikado Nr. 487 mit einem Schneepflug-Schienenräumer, der konstruiert wurde, um sowohl herabgefallene Gesteinsbrocken als auch Schnee beiseitezuschieben, kämpft sich mit Holz und anderer Ladung aus Chama den Cumbres Hill hinan.

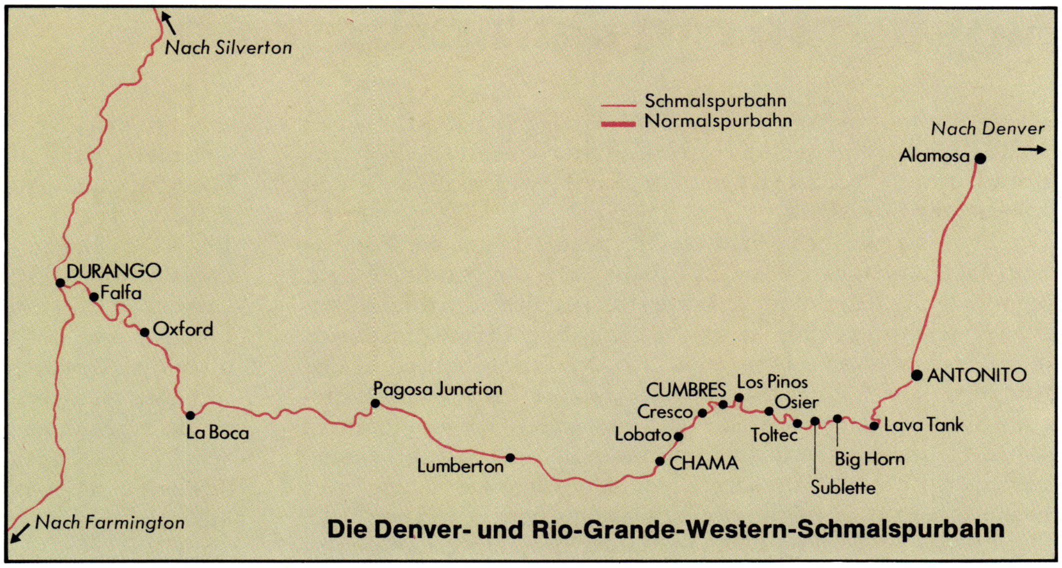

Unten: Die Cumbres & Toltec Scenic Railroad, die die Strecke von Antonito nach Chama übernommen haben, inszeniert noch einmal eine Güterzugfahrt für Eisenbahn-Fans. Im Oktober 1972 schnaufte solch ein Zug den Kameras der Fotografen in der Phantom-Kurve entgegen.

Nostalgie mit Dampfbetrieb

Die Dampflokomotive ist eine so großartige Sache, daß man sie nicht einfach vergessen kann; ihr Zeitalter war zu faszinierend, um für immer vorbei zu sein. Zu viele Menschen in aller Welt fordern ihr Comeback.

Die beste Möglichkeit für diese Neugeburt bietet der Sonderzug. Liebhaberfahrten für Eisenbahn-Fans sind nichts Neues. Sie wurden in den dreißiger Jahren veranstaltet, um ungewöhnliche Trassenführungen kennenzulernen oder Eisenbahnanlagen in anderen Städten zu besuchen. Als der Dampfbetrieb in den fünfziger Jahren eingestellt wurde, verlagerte sich die Begeisterung auf den Hauptdarsteller des Schauspiels, die Lokomotive selbst. Heutzutage ist die Dampflokomotive Attraktion genug, um einen Zug mit Hunderten von Menschen zu füllen – mit Eisenbahn-Fans, Historikern und nostalgischem Publikum.

Doch leider sind solche Liebhaberfahrten nur unter Schwierigkeiten zu arrangieren. Die Direktionen der meisten Eisenbahngesellschaften möchten nicht damit behelligt werden und schrecken vor keiner Ausrede zurück: von fehlenden Bedienungseinrichtungen über die Störung des übrigen Verkehrs bis zum möglichen Schienenschaden. Allerdings muß auch gesagt werden, daß die Brandgefahr durch Funkenflug tatsächlich besteht und daß es keine Kleinigkeit ist, die Versorgung mit Kohle und Wasser zu gewährleisten. Einige Gesellschaften arrangieren Liebhaberfahrten jedoch als volksfestartiges Vergnügen und schneiden dabei finanziell nicht schlecht ab. Zwei von ihnen, die Union Pacific und die Southern, veranstalten solche Ausflüge und stellen ihre eigenen Lokomotiven zur Verfügung. Oft gehören die Loks auch Privatsammlern oder Klubs.

Man könnte glauben, daß der Liebhaberausflug damit vollkommen sei. Aber dem echten fotografierenden Eisenbahn-Fan verschaffen die meisten Veranstalter nicht die idealen Möglichkeiten, um den Zug fotografieren zu können, selbst bei den traditionellen »Filmfahrten« nicht. So wird der wirklich besessene Fotograf zum »Autobegleiter«, er versucht dem Sonderzug per Auto zu folgen und gehört inzwischen ebenso zum Bild der Liebhaberfahrten wie die Zugpassagiere.

Die »Autobegleitung« wiederum hat sich zu einer Art Kunst entwickelt. Der erfolgreiche Autobegleiter muß ein geschickter Fotograf sein, um geeignete Standorte auszumachen und das sich oft schnell bewegende Motiv festhalten zu können. Er muß ein schneller und genauer Kartenleser sein, um in unbekannter Gegend in Sekundenbruchteilen entscheiden zu können, welcher Weg einzuschlagen ist. Er muß ein guter Sportler sein, um über Felder zu rennen und über Stacheldrahtzäune zu steigen. Er muß die Geistesgegenwart besitzen, um alle Aspekte blitzschnell zu erfassen, die einen guten Schnappschuß bringen.

Rechts oben: Prunkend in Grün und Gold zieht Nr. 4501, eine 1D1 der Southern Railway, einen Ausflugszug über die »Rattenloch«-Strecke bei King's Mountain in Kentucky. Der weite neue Durchbruch und der aufgelassene Tunnel sind bezeichnend für den großzügigen Ausbau, den die südliche Hauptlinie von Cincinnati/Ohio nach Chattanooga in Tennessee in den späten fünfziger Jahren vornahm.

Rechts unten: Lokomotiven auf der Southern Railway in Doppeltraktion: eine früher der Savannah & Atlanta gehörige 2C1 Nr. 750 (Besitzer ist ein Eisenbahnklub in Atlanta) und eine 1D Nr. 630 der Southern verlassen Macon in Georgia mit einem Eisenbahn-Fan-Sonderzug nach Atlanta.

Unten: Nr. 2102, eine 2D2, die ehemals der Reading Company gehörte (1945 gebaut), befördert einen Sonderzug der Eisenbahnfreunde auf der New Jersey Central Railroad durch Fanwood, New Jersey. Die viergleisige Hauptlinie wird sonst von Vorortzügen benutzt.

750
630

Er muß beurteilen können, ob der Zug, der in der Ferne plötzlich anhält, nur ein Signal befolgt oder ob nur eine lange Einstellung für Hobbyfilmer vorbereitet wird. Und schließlich muß er ein Mensch mit Kombinationsvermögen sein und mit einem unerschöpflichen Vorrat an Glück. Für den Autobegleiter gibt es nichts Schlimmeres auf der Welt, als zu einer schönen, abgelegenen Stelle hinaufzubrausen und dabei fürchten zu müssen, daß der Zug schon über alle Berge ist.

Doch schließlich weisen die Liebhaberfahrten von heute noch einen wesentlichen Mangel auf: es fehlen die Eisenbahn-Fans von früher, die die Dampfzüge fotografierten, als sie wirklich noch das große Abenteuer waren. Diese altgedienten Profis lehnen Unternehmungen der geschilderten Art für gewöhnlich ab. Die Sonderzüge – mit den aus allen Fenstern heraushängenden Köpfen und Armen – seien nichts als Parodien auf die großen Dampfeisenbahnen, die sie viele Jahre zuvor auf Film bannten, so sagen sie. Wie die vorliegenden Fotos jedoch beweisen, gibt es noch immer keinen Ersatz für eine lebendige stampfende Dampflokomotive, nicht einmal in der Erinnerung. Das große Abenteuer besteht weiter – wenn auch nur sonntags!

Oben und rechts: Mehr als ein Jahrzehnt, nachdem man sie aus dem Güterexpreßverkehr gezogen hatte, macht eine frühere Nickel-Plate-Lok, eine 1D1 der Baureihe 759, eine Werbefahrt mit einem fahrplanmäßigen Western-Maryland-Railway-Güterzug. Die Fotos wurden aus einem über dem Potomac-Tal in West Virginia kreisenden Hubschrauber aufgenommen.

90

759

Links oben: Ein seltsames Gespann: die 1E Nr. 90 verbrachte den größten Teil ihres Lokomotivenlebens bei der Beförderung von Zuckerrüben über die Great Western Railway in Colorado; gegenwärtig zieht sie Personenzüge über die Strasburg-Touristenroute in Pennsylvania. Die 2C1 Nr. 127 war eine der vielen modernen leichten Pacifics, die der Canadian Pacific gehörten. Später stand sie im »Steamtown Museum« in Vermont. An zwei erinnerungswürdigen Wochenenden Anfang 1968 schleppten sie gemeinsam die Sonderzüge über die New Jersey Central Railroad von Elizabeth in New Jersey nach Wilkes Barre in Pennsylvania.

Links unten: Die Berkshire Nr. 759 wurde 1944 gebaut und 1968 für Liebhaber-Ausflüge aus einem Museum geholt. Unter der Signalbrücke im Hoboken-Vorortbahnhof der Erie-Lackawanna erwartet sie den Tagesanbruch. Der neue Tag wird eine zweitägige Sonderfahrt nach Binghamton im Staat New York und wieder zurück bringen.

Rechts oben: Die größte Dampflokomotive im Ausflugsverkehr, eine 2D2 Nr. 8444 der Union Pacific (1944 von Alco gebaut) stößt während eines für Fotografen arrangierten Laufs bei Point of Rocks in Wyoming eine riesenhafte Rauchwolke aus.

Rechts unten: Die untergehende Sonne reflektiert auf der Ventilsteuerung und den Treibrädern der Nr. 759, die von Hainesburg/New Jersey ostwärts Richtung Hoboken fährt.

6218

6218

5629
5629

Links oben: Während eines winterlichen Ausflugs für Eisenbahn-Fans von Toronto nach Orillia dampft Nr. 6218 über eine Brücke bei Painswick.

Links außen: Die Canadian National hat sich als eifriger Sonderausflugsveranstalter erwiesen. Die Lok Nr. 6218, eine 1942 von den Montreal Locomotive Works gebaute 2D2, machte auf CN-Nebenlinien sogar Abstecher in die Vereinigten Staaten. Hier bringt sie nach einem Ausflug auf der Central Vermont einen Zug mit leeren Wagen nach Montreal zurück.

Links: Nr. 5629, eine 2C1, ehemalige Grand-Trunk-Western-Lok und heute in Privatbesitz, erzeugt ihre Rauchwolke jetzt freilich mit Hilfe von Dieselmotoren.

Oben: Der weiteste Vorstoß nach Norden, den die nordamerikanischen Ausflugs-Veranstalter machten, ging bis Englehart, Knotenpunkt der Ontario Northland, die hier die 1D Nr. 137 ihrer Vorgängerin Teniskaming & Northern Ontario im Einsatz hat.

Die Hauptstrecke in Mexiko

Die meisten Eisenbahnlinien in Mexiko sind staatlich. Bei weitem die größte von ihnen ist die Nationale Eisenbahn von Mexico. 1960, im letzten Jahr, in dem noch Dampflokomotiven den täglichen Dienst auf einer der größten nordamerikanischen Linien versahen, hatte die Nationalbahn von Mexiko noch mehr als 400 Dampflokomotiven im Einsatz. Viele dieser Loks hatte sie gebraucht von den nordamerikanischen Eisenbahngesellschaften übernommen. Sogar die Lokomotiven, die speziell für Mexiko gebaut worden waren, trugen Herstellerplaketten von Firmen wie Alco und Baldwin. Der besondere Stolz der mexikanischen Nationalbahn war eine Gruppe von 32 2D2-Loks, die 1946 von Alco und Baldwin konstruiert worden waren. 1960 waren sie die letzten 2D2-Zugmaschinen amerikanischer Herkunft (nach weitverbreiteter Ansicht erreichte die Entwicklung der Dampflok mit dieser Radanordnung einen absoluten Höhepunkt), die für den schweren Güterzugverkehr im Gebirge benutzt wurden. Weit davon entfernt, auf obskure Nebenlinien verbannt zu sein, dampften die 2D2-Loks über die belebten Hauptstrecken, die von Mexico City nach Norden durch verschiedene größere Städte bis zur Grenze führten. 1960 hatten die Diesellokomotiven natürlich bereits wesentlich an Terrain gewonnen. Der Dampfbetrieb beherrschte nur noch die ersten paar hundert Kilometer der Hauptstrecken. Der aufregendste Teil des großen Abenteuers begann 80 Kilometer nörd-

lich von Mexico City, bei der Stadt Tula. Die von Dampfloks gezogenen Güterzüge hielten hier an. Eine zweite 2D2 wurde vier oder fünf Wagen hinter der führenden 2D2-Lokomotive in den Zug eingefügt, um bei der Bewältigung der nach Norden ansteigenden alten mexikanischen Zentral-Linie auf den etwa 97 Kilometern bis San Juan del Rio Hilfe zu leisten. In San Juan del Rio wurde die Zusatzlokomotive ausgestellt, und die Hauptlokomotive setzte mit dem Zug den Weg nach Norden fort. Die Zusatzlok fuhr über eine Verbindungslinie nach San Nicolas, von wo die Trasse der alten mexikanischen Hauptlinie über die gleiche Bergkette nach Süden führte. Die Zusatzlokomotive wartete den nächsten südwärts fahrenden Güterzug ab. Wieder wurde sie einige Wagen weiter hinten eingefügt und leistete ihre Hilfsdienste bis nach Teocalco, von wo sie allein über eine weitere Verbindungsstrecke nach Tula stampfte. Dort begann sie die gleiche Rundfahrt von neuem. Einige Hilfslokomotiven bewältigten diesen Kreis mehr als dreimal, bevor sie wieder in ihren Heimatbahnhof Mexico City einfuhren. All das beschwor noch einmal das Bild des letzten großen Abenteuers.

Links: Nr. 3052, 1946 von Alco gebaut, wartet in der Nacht auf das Signal, den am Stadtrand von Mexico City gelegenen Rangierbahnhof von Valle de Mexico verlassen zu können.

Links unten: Ein Güterzug mit 14 Wagen verläßt hinter einer Lok Nr. 3038 Nopala in Richtung Süden.

Unten: Nr. 2138 vom Typ Mikado fährt von Tula nach Teocalco über die Verbindungsstrecke zwischen den Nord-Süd-Hauptlinien.

Ganz unten: Laut bimmelnd dampft Nr. 3046, eine 2D2 der Nationalbahn von Mexiko bei Huichapan mit einem Güterzug Richtung Süden.

Die Belgrano-Eisenbahn in Nord-Argentinien

In 4800 Meter Höhe über die Anden

Die berühmte, inzwischen auf Dieselbetrieb umgestellte Zentralbahn von Peru klettert bis zu einem 4827 Meter hoch gelegenen Paß in den Anden hinauf. Damit ist sie die höchste Normalspurbahn der Welt. Die Südbahn von Peru steigt ebenfalls in die Berge hinauf. Aber erst ein ganzes Stück weiter südlich, nahe der chilenischen Grenze, findet man die Bahnlinien, die tatsächlich den sich an der Westküste Südamerikas entlangziehenden Berggrat bewältigen und damit eine echte Verbindung zum Eisenbahnnetz der Ostküste herstellen. Die aufsehenerregenden technischen Bauten ermöglichen es der Eisenbahn, die Anden sowohl von Osten als von Westen anzugehen. In Nordwest-Argentinien zum Beispiel, zwischen den Städten Leon und Volcan, wurde bis zur kürzlichen Umstellung auf den Dieselbetrieb eine Steigung von 62,5 Promille von F1-Zahnradlokomotiven bewältigt. Dampf ist sogar noch über die frühere Zahnradstrecke hinaus in Gebrauch: die 1F1-Lokomotiven der General-Belgrano-Bahn versehen immer noch den Dienst nach Norden bis zur bolivianischen Grenze. General Belgrano heißt Argentiniens ausgedehntestes Streckensystem – Spurweite 1 Meter – das insgesamt 13 600 Kilometer umfaßt. Es erobert die Anden ebenfalls mit zwei nach Chile führenden Linien. Eine von ihnen ist die bekannte Transandino-Strecke, die an der chilenischen Grenze, unterhalb der Christusstatue, durch einen Tunnel aus den Bergen hervorkommt. Der restliche Abschnitt war stets der am wenigsten beachtete von allen. Dabei verbindet sich bei dieser Linie unberührte Landschaft mit unglaublichen technischen Leistungen, unterstrichen vom erschöpften Stampfen einiger der großartigsten Berglokomotiven, die jemals gebaut wurden. Kürzlich gelangten die Eisenbahn-Fans auf der Suche nach Dampflokomotiven, die sich noch im Einsatz befinden, nach Salta, das in der Nähe der alten Volcan-Zahnradbahn liegt. Von Salta führt die Strecke nach Westen über Bergpässe und durch einen engen Cañon. Zwei großartige Zickzacktrassen – unter normalen Umständen Glanzpunkte einer Bergbahn – lassen die Eisenbahn Höhe gewinnen, bevor sie das wahrhaft schwierige Gelände erreicht. Stets Abstand von den Felsabstürzen des Cañons haltend, gleicht die Strecke sich dem Auf und Ab der vor ihr liegenden Berge an. Sie kämpft sich mit fast unzähligen Windungen und Tunnels durch phantastische Schluchten, bevor sie in 4260 Meter Höhe wieder emportaucht, um sich zur Stadt San Antonio de los Cobres hinabzusenken. Westlich steigt die Trasse wieder bergan, führt über eine große Brücke, die unter dem Namen Viaducto Polvorillo bekannt ist, und fällt dann für die restliche 240-Kilometer-Strecke nach Socompa und zur chilenischen Grenze auf eine weite Hochfläche ab. Die westliche oder die chilenische Seite der Anden ist für ihre Stürme und Schneefälle bekannt. Aber die Winde, die von hier aus nach Argentinien hinüberwehen, verlieren ihre Feuchtigkeit über den Berggipfeln, so daß die Züge der General Belgrano durch eine ausgedörrte Landschaft unter kristallblauem Himmel dahinstampfen. Hier, westlich von San Antonio, rund 3650 Meter über dem Meeresspiegel, bestimmen keine imposanten Berggipfel die Szenerie, sondern eine weite Wüste, die von Treibsand und wandernden Lamaherden beherrscht wird und von ... ja, von den 1E1-Lokomotiven der General-Belgrano-Bahn.

Links: Von dem bereits 1370 m hoch gelegenen unteren Cañon des Rio Toro aus klettert diese 1E1-Lok — ein Meter Spurweite — der General-Belgrano-Linie im Verlauf der nächsten 130 Eisenbahnkilometer bis auf 4260 Meter.

Oben: Die 1E1-Loks der General Belgrano wurden jahrelang von Baldwin (USA) und Skoda (ČSSR) gebaut. Alle diese Zugmaschinen waren stark genug, um mit Dampfkraft die Salta-Socompa-Linie zu bewältigen.

Rechts oben: Bei Meseta kann der Eisenbahn-Fan den Zug nicht nur in einer Hufeisenkurve auf Schienenniveau beobachten, er kann ihn auch von zwei niedriger gelegenen Standorten aus heranfahren sehen und die kurvenreiche Abfahrt von vier höher gelegenen Punkten aus miterleben.

Rechts unten: Auf der Volcan-Meterspurstrecke unterstützt eine Dieselzusatzlok einen Güterzug mit Dampflokomotive bei der Fahrt durch den Cañon des Huahuamanca aufwärts zur bolivianischen Grenze.

Folgende Seite: Wunder der Natur: eine farbintensive Gebirgskulisse — und Wunder der Technik: eine bergaufwärts stampfende Dampflokomotive — vereinen sich an der Salta-Socompa-Linie zu einem faszinierenden Eisenbahngemälde.

Unten: Eiskalte Andenwinde umtosen einen gemischten Zug, der die Höhe von Muñano erklimmt.

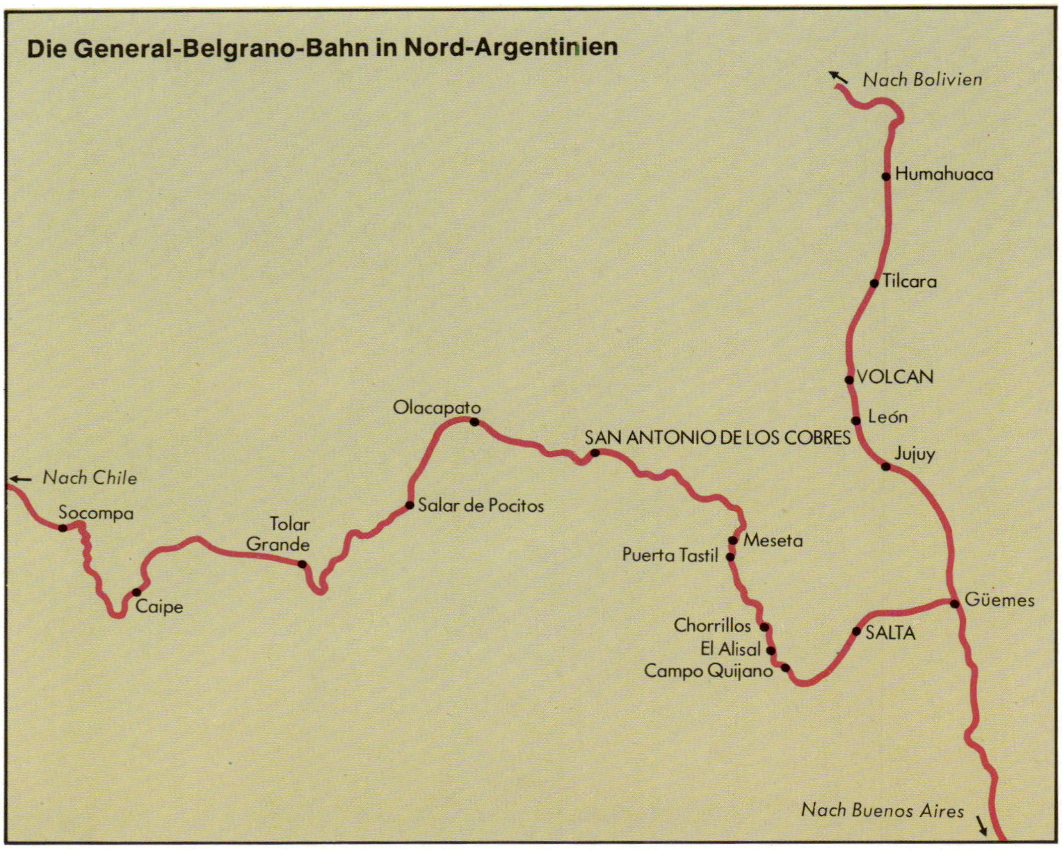

Dampfbetrieb in Deutschland

Das Land der größten Typenvielfalt

Wie in den meisten Ländern ist das Schicksal der Dampflokomotiven auch in Deutschland besiegelt. Alle bedeutenden Strekken der Deutschen Bundesbahn (DB) sind elektrifiziert. Zwar wird auch heute von den rund 30 000 Kilometer Streckenlänge der DB nur ein Drittel elektrisch betrieben, doch bringt die elektrische Zugförderung hier über drei Viertel der gesamten Transportleistungen der DB. Das verbleibende Streckennetz mit seiner geringen Verkehrsbelastung hat sich die Diesellokomotive erobert. Mangelnde Leistungsfähigkeit, hohe Unterhalts-, Betriebs- und Personalkosten sowie vergleichsweise geringe Betriebsbereitschaft waren die Gründe für das schnelle Aussterben der Dampflokomotive in Deutschland.

Von den 28 700 normalspurigen Dampfloks, die im Jahr 1925 zum Bestand der Deutschen Reichsbahn (DR) zählten, blieb kaum mehr etwas übrig. Der Krieg zerstörte unzählige Loks, andere wurden in den von Deutschland besetzten Gebieten zurückgelassen, wo sie zum Teil noch heute ihren Dienst versehen. Der Rest und auch die wenigen Typen, die die Nachfolger der Deutschen Reichsbahn, die Deutsche Bundesbahn (BRD) und die Deutsche Reichsbahn (DDR), nach dem Krieg noch gebaut haben, sind inzwischen dem Schneidbrenner zum Opfer gefallen oder erwarten auf Abstellgleisen rostend das gleiche Schicksal.

Unten: Ein historischer Dampfzug auf der Strecke Tegernsee—Bad Tölz. Geführt wird er von einer Lokalbahnlokomotive der Baureihe 98^{10}. (Ehemalige bayerische GtL 4/5, Neubau.) Diese Maschinen aus der Zeit von 1929 bis 1931 waren »maßgeschneiderte« Typen für Lokalbahnen mit besonders engen, steilen Kurven, und sie versahen bis in die späten sechziger Jahre brav ihren Dienst.

Die Personenzugtenderlokomotiven der Einheitsbaureihe 64 der Deutschen Reichsbahn wurden zwischen 1928 und 1940 in großer Stückzahl gebaut. Eingesetzt wurden sie im leichten Personenzug- und Vorortverkehr. Achsfolge 1C1, Leistung 950 PS, Höchstgeschwindigkeit 90 Kilometer in der Stunde.

Eisenbahnen in Frankreich

Der Bahnhof von Le Mans

Einmal im Jahr hallt in Le Mans die Rennstrecke vom sonoren Dröhnen von Hunderten von Zylindern wider, die solchen Namen wie Ferrari, Porsche und Maserati ihre Huldigung erweisen. Bis vor ein paar Jahren allerdings war der Name Le Mans mit einem noch größeren Abenteuer verbunden. Le Mans war der Heimatbahnhof für die vielleicht eindrucksvollste Ansammlung von dampfbetriebenen Rennmaschinen, die die Welt je gesehen hat, Lokomotiven. Sie waren mit einem komplizierten Mechanismus von vier Zylindern ausgestattet, die den Dampf nicht einmal, sondern zweimal benutzten, um Ventilsteuerung und Treibräder mit einer Kraft ohnegleichen in Bewegung zu setzen. Diese Lokomotiven beschleunigten 18 oder 20 Personenwagen aus dem Stand mit einer mühelosen Leichtigkeit, die eine Reverenz an das Genie des Konstrukteurs André Chapelon war. Neben ihnen wirkten die Maschinen von Ferrari und Porsche wie Kinderspielzeuge. Die Chapelon-Lokomotiven, die gedrungenen Mikados der Baureihe 141P und die schlanken Mountains der Baureihe 241P stammten aus nordamerikanischer Fabrikation. In Erfüllung des Marshall-Plans hatten die USA und Kanada tatsächlich Hunderte von wohlproportionierten 1D1-Lokomotiven an Frankreich geliefert. Anders als die vierzylindrigen französischen Zugmaschinen, die trotz ihrer unglaublichen Leistungsfähigkeit nur zarte Dampfwölkchen in den Himmel sandten, fraßen die zweizylindrigen nordamerikanischen Maschinen die Kohle mit kräftigem Appetit und schnaubten den Dampf mit solch geräuschvollen abrupten Stößen aus, daß die Streben des Bahnhofs von Le Mans erbebten. Die Loks waren jedoch zuverlässig und vielseitig verwendbar. Sie eigneten sich genauso für den Güterzugeinsatz, wie sie im Austausch mit elektrischen Lokomotiven den Nachtexpreßverkehr auf dem zweiten Streckenabschnitt von Paris nach Westfrankreich bewältigten. Der schönste Platz in Le Mans war nicht an der Zielgeraden der Autorennstrecke zu finden. Er lag im Bahnhof von Le Mans . . . oder oben auf dem hohen Kohlenbunker aus Beton im Rangierbahnhof – wo die Boxaufenthalte weniger nach Sekunden als nach der Anzahl der aufgeladenen Kohlentonnen gemessen wurden.

Der weite Blick auf das Bahnbetriebswerk in Le Mans, eine Hauptanlage der SNCF, zeigt Dutzende von Lokomotiven, ein großes Kohlendock und einen der beiden Lokomotivschuppen.

Oben: Die Elektrolok, die den Zug nach Le Mans gebracht hat, ist von der Szene verschwunden. Nun wartet eine von Baldwin gebaute Mikado geduldig, bis der Uhrzeiger auf Mitternacht springt, um sich mit dem Paris-Quimper-Expreß in Bewegung zu setzen.

Unten: Eine vierzylindrige 141P mit dem Les-Sables-Expreß.

Oben: Kraft und Geschwindigkeit waren Eigenschaften der 35 schnittigen Vierzylinder-Lokomotiven vom Typ 241P, die André Chapelon konstruierte und die zwischen 1947 und 1949 gebaut wurden. Nr. 14 verläßt Le Mans in Richtung Brest.

Unten: Rund um die Uhr: eine 141P auf der Untersuchungsgrube.

Spaniens Spuren sind breiter

Der Cañon des Rio Jalon

Eisenbahnen haben auf der ganzen Welt eine elementare Funktion: den Transport zu gewährleisten. Sie können diese Aufgabe auf vielerlei Arten wahrnehmen, und tatsächlich unterscheiden sie sich oft sehr stark voneinander. Nirgends wird dieser Unterschied so offensichtlich wie bei der Spurweite. Die nordamerikanischen, kanadischen und europäischen Eisenbahnen arbeiten mit der sogenannten Normalspur, die 1435 Millimeter breit ist. Die meisten Eisenbahngesellschaften in Afrika benutzen die 1067 Millimeter breite, die Kap-Spur. Es existieren sogar ausgedehnte Schienennetze in der ganzen Welt, die eine Spurweite von nur 610 Millimeter haben. Und Australien arbeitet zu seinem Leidwesen auf seinen größten Eisenbahnlinien sogar mit drei verschiedenen Spurweiten. In Europa gibt es zwei wesentliche Ausnahmen: Rußland und Spanien.

Die 1892 Millimeter breite spanische Spur kompliziert den Wagenwechsel zum benachbarten Frankreich: die Weiterführung wird weitgehend durch Austausch von Spurwechselradsätzen oder Wechsel-Drehgestellen ermöglicht. Auch hat dieser weite Schienenabstand zu der untersetzten, massiven Bauweise der spanischen Dampflokomotiven geführt. Diese Lokomotiven ziehen für gewöhnlich die Expreßzüge über die spanischen Ebenen, doch nie befinden sie sich stärker im Einklang mit den Gegebenheiten ihres Landes, als wenn sie an kahlen Felsab-

stürzen vorbei eine der zahlreichen spanischen Paßstrecken bergauf stampfen.

Die Lokomotiven, die vom Bahnbetriebswerk in Saragossa aus über die Hauptlinie nach Madrid geschickt werden, legen zuerst eine leichte Strecke über die Ebene von Aragon zurück. Sobald die Linie jedoch abbiegt, um dem Lauf des Jalon zu folgen, nähern sie sich schwierigem Gelände. Dann, bei Arcos de Jalon, beginnt der Anstieg. Wie die Fahrt weitergeht, verdeutlicht die Abbildung auf der linken Seite wohl am besten. Die spanischen Lokomotivtypen, die für die Fahrt durch den Cañon des Rio Jalon eingesetzt wurden, waren für ihre Arbeit hervorragend geeignet. Sie hatten die 2D-Achsanordnung. Diese ist auf der ganzen Welt zwar äußerst selten, verteilt jedoch das gesamte Lok-Gewicht hinter dem führenden Drehgestell gleichmäßig auf die Treibräder. Damit war die Zugkraft der Lokomotiven ausreichend gesichert. Wenn sie nicht genügte, wurde dem Zug im Cañon eine Schiebelokomotive zugeteilt – meist eine 1E1 oder eine weitere 2D.

Heute hat der Dampfbetrieb auch in Spanien keine große Bedeutung mehr; der größere Teil der Strecke ist auf Diesel umgestellt, fast 40 Prozent jedoch sind schon elektrifiziert.

Oben: Es gibt wohl keinen erregenderen Anblick als eine aus einem Tunnel hervorbrechende schwere Dampflokomotive ... besonders in der Nacht.

Links: Die spanischen 2D-Lokomotiven waren für die großen Anforderungen in teilweise sehr schwierigem Gelände hervorragend geeignet.

Nächste Seiten: Es bedarf einer 1892 Millimeter breiten Spur, um das untersetzte Gestell und die massiven Dampfkessel der spanischen 2D-Lokomotiven tragen zu können. Daneben lugt aus dem Lokomotivschuppen in Arcos de Jalon eine winzige Tenderlokomotive hervor.

RENF
240F25

RENFE
240-254

Oben: Die Post wird rechtzeitig eintreffen, wenn es nach dieser 2D geht. Dampfend schnaubt die Breitspur-Lok mit dem Saragossa-Madrid-Postzug durch den Cañon.

Unten: Die für Spaniens Gebirge so typischen Felsabstürze bilden den Hintergrund für eine 2D, die zwischen zwei der vielen Tunnels nur kurz im Tageslicht auftaucht.

Der britische Eisenbahnverkehr

Carlisle, Shap und Beattock

Es mag zwar immer ein Großbritannien geben. Aber nie mehr wird es eines sein wie jenes, das die Dampflokomotive hervorbrachte und sie bis zu einem solchen Grad der Vollendung entwickelte, der sowohl in der Leistung wie im äußeren Erscheinungsbild ihren Ausdruck fand. Als die Dampflokomotiven zu Anfang der sechziger Jahre von den britischen Schienen verschwanden, wurden die Moore und Hügel des Grenzlandes um Carlisle in Nordengland zum Reservat des noch verbliebenen Dampfbetriebes. In Carlisle, einer Stadt von 67 000 Einwohnern, treffen sich die Eisenbahnlinien, die aus den englischen Industriegebieten nach Schottland führen. Carlisle liegt außerdem an der Route der wichtigsten Schnellzüge von London nach Glasgow. Obwohl viele Eisenbahnstrecken von Carlisle ausgehen, ist die Nord-Süd-Linie von Glasgow nach London die wichtigste. Charakteristisch für diese Linie sind zwei größere Anhöhen: Beattock im Norden und Shap im Süden.

Viele berühmte Steigungsstrecken in der Welt führen nur in einer Richtung auf ein höher gelegenes Plateau. Die Höhen von Beattock und Shap jedoch mußten von beiden Seiten her bewältigt werden. Beattock liegt 317 Meter hoch und Shap 279 Meter; Carlisle liegt fast auf Meereshöhe. Nordwärts fahrende Züge nach Shap müssen nach einer ziemlich langen Anfahrt auf den letzten acht Kilometern eine Steigung von 13,3 Promille bewältigen. Der Anstieg zur Höhe von Beattock ent-

Die Briten tauften ihre Lokomotiven, auch wenn ihre Züge nicht immer Namen trugen. »Clan Macleod«, eine kleine Standard Pacific der British Railways (nur zehn davon wurden gebaut) geht mit dem Manchester-Glasgow-Expreß die in einer typischen Moorlandschaft gelegene Anhöhe von Shap an.

hält 16 Streckenkilometer mit Steigungen zwischen 11 und 14 Promille. Südwärts fahrende Züge erreichen Shap über einen gleichmäßigen, 40 Kilometer langen Anstieg von 8 Promille. Auf diesen Steigungsstrecken wurde das beste an Englands moderner Dampfkraft herangeholt, was die Werke von Carlisle zu bieten hatten. Zu diesem Aufgebot gehörten sowohl die Lokomotiven der London, Midland & Scottish Railway, die 1948 in den British Railways aufgegangen war, als alle Hauptlinien zu einem Netz verstaatlicht wurden, als auch die Standardtypen der British Railways, die von 1951 ab eingeführt worden waren. In vorderster Reihe der ehemaligen London, Midland & Scottish Railway standen 38 Coronation Pacifics. Die Lokomotiven (viele von ihnen waren nach Städten oder Herzoginnen benannt), die noch 1937 mit stromlinienförmiger Verkleidung hergestellt worden waren, zeigten am Ende ihrer Tage ein stattliches, gar nicht mehr stromlinienförmiges Aussehen, das außerdem noch durch die kräftige rote Lackierung besonders unterstrichen wurde. Die Vier-Zylinder-Zugmaschinen waren die erfolgreichsten Pacifics, die je unter der Leitung von Sir William Stanier gebaut worden waren. Er hatte sich auch einen Namen mit der Produktion der 2C-Lokomotive gemacht, die als beste Allzwecklokomotive des Landes galt. Diese liebevoll »Black Fives« genannten Lokomotiven gingen 1934 auf die Schienen. Als 1951 die Produktion eingestellt wurde, waren im ganzen 841 in Betrieb. Ihren Spitznamen hatten sie erhalten, weil sie als Mehrzwecklokomotiven schwarz angestrichen waren. Die Konstruktion der »Black Five« war so gut, daß sie als Basis genommen wurde für eine Gruppe von 2C-Allzwecklokomotiven, die die British Railways in den fünfziger Jahren bauten. Weitere Standardkonstruktionen der British Railways waren die Pacifics vom Typ »Britannia« und die 1E der Baureihe 9F. Alle diese Lokomotiven zeigten früher oder später bei Shap und Beattock, was in ihnen steckte.

Unten: Eisenbahner auf dem Heimweg werden von einem Stückgutzug überholt, der Carlisle in Richtung Glasgow verläßt.

Rechts oben: Bei ihrer dichten Zugfolge und bei ihren kurzen Zügen benötigten die Engländer nie sonderlich große Dampflokomotiven. Die 2C war eine gängige Achsanordnung; und die »Black Fives«, wie z. B. diese 45 217-Lok, gehörten zu den am weitest verbreiteten Fünfachs-Lokomotiven. Vor dem Hintergrund der Beattock-Hänge nördlich der schottischen Grenze dampft ein leerer Zug nach Süden in Richtung Carlisle.

Rechts unten: Die »Black Fives« wurden sowohl im Personen- wie im Güterzugverkehr eingesetzt. Dieser von Glasgow nach Carlisle fahrende Frachtzug wurde in Crawford fotografiert.

Folgende Seiten: Die »City of Carlisle«, eine Zugmaschine der Duchess-Serie, die zu den größten und schönsten britischen Expreßlokomotiven gehörten, steht in der Stadt bereit, nach der sie benannt wurde, um eine andere Lokomotive abzulösen. Die Lok, die einst der London, Midland & Scottish gehörte, wird einen Expreßzug von Glasgow nach London bringen.

44884
44884

CITY OF CARLISLE
46238

46238

Hinauf ins Hochland von Transvaal

Die Republik Südafrika, in der immer noch 2000 Dampflokomotiven in Betrieb sind, ist einer der letzten großen noch verbliebenen Schauplätze des Dampfbetriebs. Die 1067 Millimeter breiten Schienenwege der South African Railways haben viele Steilhänge zu erklimmen, woraus sich ein ständiger Bedarf an Zusatzlokomotiven, den »bankers« oder »helpers«, ergibt. Manchmal wird die Lokomotive als »Schiebelok« am Zugende angehängt, manchmal kommt sie als Vorspann vor die Zuglok. Viele der südafrikanischen Routen, auf denen Zusatzlokomotiven benutzt werden, befinden sich im gebirgigen Hinterland. Andere Linien müssen steile Abhänge bewältigen, wenn sie von den Meereshäfen aus das Landesinnere erreichen wollen. Der südafrikanische Handel hat sich immer rund um die Häfen konzentriert. Die ersten Eisenbahnlinien wurden von dort ausgehend gebaut, um den Reichtum der Hochebenen im Landesinneren zu erschließen. Von den tiefliegenden subtropischen Küstenebenen mußten die Züge das Escarpment, den Steilabbruch hinaufklettern, um die ausgedörrten Ebenen des Hochlandes zu erreichen. Die eindrucksvollsten Steigungsstrecken finden sich auf den Linien, die von den Häfen am Indischen Ozean auf das 1200 bis 1800 Meter hohe Gebirge hinaufführen, das das Tor zum Hochland von Transvaal ist. Von der Hafenstadt Durban aus steigt die Hauptlinie nach Johannesburg bei Pietermaritzburg den Steilabbruch hinan. Die nach Johannesburg führende Linie greift die Bergstrecke bei Waterval Boven an. Beide Linien sind elektrifiziert.

Eine dritte Linie führt von dem an der Grenze zu Moçambique gelegenen Komati Poort nach Nordtransvaal. Viele Kilometer dieser Linie, einschließlich des Abschnitts, der am Krüger-Nationalpark, dem berühmten Wildpark, entlangführt, sind auf Dieselbetrieb umgestellt. In Hoedspruit werden die Diesellokomotiven gegen Dampflokomotiven ausgewechselt.

Vor dem steilsten Stück bekommen auch diese noch eine Verschnaufpause. In Goudplaas halten alle Züge an, und eingeborene Arbeiter scharren die Feuerungsräume von Kohlenschlakken frei. Auf dieser Linie werden eine Vielzahl von Lokomotivtypen eingesetzt (so 14R, 15CA, 15F und 19D), doch haben die meisten die 2D1-Radanordnung. Viele Züge werden mit zwei Lokomotiven versehen. Der Kampf der Maschinen gegen den Abhang beginnt, sobald die Lokomotiven mit einem sauberen Feuer auf den Rosten Goudplaas verlassen. Es gilt 26 kurvenreiche Kilometer zu besiegen, bevor die Hochebene bei Groenbult erreicht ist und damit die problemlose Strecke über das Buschland nach Pietersburg.
Die Neuerschließung von Kupfervorkommen in der Nähe und die rhodesische Krise haben dieser Linie mehr Verkehr eingebracht, als sie verkraften kann. Auf anderen Eisenbahnstrecken (die Gesamtschienenlänge der South African Railways beträgt mehr als 22 000 Kilometer, die mit einem Verkehrszuwachs fertig zu werden hatten, reagierte die Betriebsleitung mit Elektrifizierung oder der Einführung von Dieselloks. Zwischen Hoedspruit und Pietersburg hat die SAR die Verkehrssteigerung ganz einfach beantwortet: sie legte schwerere Schienen, um schwerere Züge und Lokomotiven einsetzen zu können. Viele stärkere Dampflokomotiven, die an anderen Stellen des Eisenbahnnetzes durch elektrische und Diesellokomotiven verdrängt worden waren, wurden auf diese Linie versetzt. Von den großen Abenteuerschauplätzen der Dampfkraft, die den Eisenbahn-Fan in Südafrika faszinieren, ist die Linie »den Steilabbruch hinauf« eine der aufregendsten.

Links: Die 2D1 ist sowohl der Anzahl der Lokomotiven nach als auch vom Typ her die vorherrschende Dampflokomotive in Südafrika. Hier sieht man zwei 2D1-Loks, eine 19D und eine 15CA, die einen Güterzug bergauf ziehen.

Unten: Zwei voreinander gekoppelte Loks, eine 19D von 1937 und eine 15CA von 1026 vor einem Sonnenuntergang im Hochland.

Ganz unten: Eine 15CA-Lokomotive wird in der Ausschlackgrube Goudplaas gewartet. Die Lokbesatzung und der Stationsvorsteher (der Mann mit der roten und der grünen Fahne in der Hand) unterhalten sich, während ein Arbeiter vom Führerhaus aus den Kesselrost reinigt.

Oben: Südafrikanische Eisenbahner blicken aus ihrem Führerhaus heraus, während ihre 2D1 von der Baureihe 15CA den Hang des Steilabbruchs in einem Frontalangriff angeht. Vor ihr liegt das Hochland.

Rechts: Die Nr. 1791 der Baureihe 15A mit einer rechteckigen Belpaire-Feuerbüchse kämpft sich das steilste Stück nach Groenbult hinauf.

Folgende Seite oben: Ein Personenzug auf der Fahrt von Hoedspruit nach Pietersburg wird gleich hinter Goudplaas mit den 26 kurvenreichen Kilometern des Steilanstiegs konfrontiert.

Folgende Seite unten: Die Prozession der Dampfkraft auf der SAR reißt nie ab. Der Tag geht zur Neige, als die 19D den Steilabbruch erklimmt.

Die Swaziland-Eisenbahn

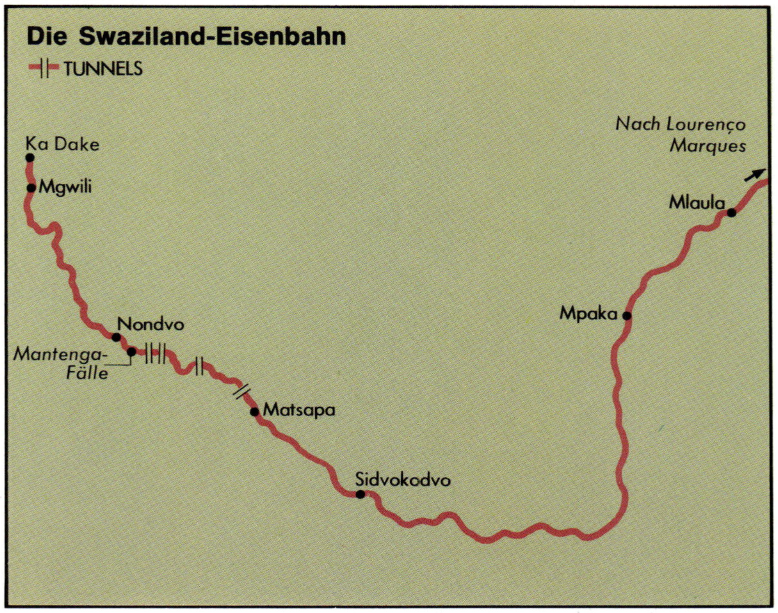

Swaziland? Viele haben noch nicht einmal davon gehört; wenige wüßten zu sagen, wo genau es liegt. Und doch zeichnet Swaziland sich durch eine Kleinigkeit aus, die wahrscheinlich in der Welt nicht ihresgleichen hat. Dieses winzige Land, das zwischen Südafrika und Moçambique liegt, besitzt seit 1964 eine brandneue Eisenbahnlinie mit einer Spurweite von 1067 Millimeter, die niemals die Räder einer Diesellokomotive gespürt hat. Die Swaziland-Bahn wurde gebaut, um ein Eisenerzlager zu erschließen, das man in den Bergen von West-Swaziland entdeckt hatte. Das Erz aus der Mine in Ka Dake wird per Eisenbahn zu Moçambiques Hafenstadt Lourenço Marques am Indischen Ozean transportiert. Von hier aus wird es zu den japanischen Stahlhütten verschifft. Um Ka Dake zu erreichen, mußten die Schienen durch wildes, unerschlossenes Land gelegt werden. Die oberste Strecke der Route, die durch das Ezulweni-Tal führt, bewältigt eine anhaltende Steigung von 20 Promille. Auf den 92 Kilometern von Sidvokodvo nach Ka Dake durchfährt die Eisenbahn vier Tunnels und erreicht dabei eine Höhe von 1066 Meter.

Wenngleich die Schienen und die Erzwaggons der Swaziland Railway gehören, werden die Besatzungen und die Lokomotiven laut Vertrag von der Caminhos de Ferro de Moçambique (CFM) gestellt, der staatlichen Eisenbahngesellschaft von Moçambique. Die Treibkraft auf dem oberen Streckenabschnitt – westlich von Sidvokodvo – wird von 2D2-Lokomotiven kanadischer Bauart aufgebracht. Die CFM besitzt Mountain-Lokomotiven aus drei verschiedenen Bauserien, die in den Montreal Locomotive Works hergestellt wurden. Sechs Lokomotiven wurden 1918/19 und zwanzig 1948 geliefert. Von letzterer Lieferung gehören zwölf Lokomotiven zur schweren 700-Serie. Sie werden in Swaziland eingesetzt. Der untere Abschnitt der Strecke nach Lourenço Marques (die Swaziland-Linie wurde ursprünglich als Verlängerung der Lourenço-Marques-Goba-Linie gebaut) wird von 1E1-Lokomotiven von Baldwin (USA) und Henschel (BRD) und Lokomotiven der unterschiedlichsten Radanordnung versorgt.

Eisenerz ist das wichtigste Transportgut, aber außerdem werden noch Kohlen in kleineren Mengen und Importgüter für Swaziland befördert. Züge mit leeren Erzwaggons fahren Tag und Nacht alle vier Stunden zu der Mine hinauf. Beladene Züge fahren nach einem ähnlichen Plan wieder hinunter. Bergauf sind die Geschwindigkeiten wegen der großen Steigungen sehr niedrig. Bergab werden sie niedrig gehalten wegen des in ganz Afrika vorherrschenden relativ untauglichen Unterdruck-Bremssystems und der daraus resultierenden Gefahr von Entgleisungen.

Rechts oben: Eine 2D2 der Baureihe 700, 1948 in Kanada für die Caminhos de Ferro de Moçambique gebaut, faßt in Nondvo/Swaziland Wasser.

Rechts: Nr. 701 taucht aus einer Schlucht in Mgwili auf. Bevor hier 1964 die Eisenbahn gebaut wurde, gab es wenige Anzeichen von Zivilisation in dieser Gegend von Swaziland. Viele Abschnitte der Eisenbahnstrecke führen noch immer durch völlig unberührtes Gebiet.

Oben: Eine 1E1 der Eisenbahn von Moçambique und eine 2D2, die einst der Rhodesian Railways gehörte, transportieren von Umlawula an der Grenze zu Swaziland einen leeren Zug bergauf.

Links: Die oberste Hufeisenkurve bei Mgwili bildet die Kulisse für einen Zug von leeren Erzwaggons. Er ist unterwegs zu den Minen von Ka Dake. Schienen und Wagen gehören den Swaziland Railways, aber die Lokomotive und die Besatzung sind von den Eisenbahnen von Moçambique angemietet.

Unten: Ein passender Name: mehr als 50 Jahre, nachdem die 2D1-Radanordnung den Namen Mountain-Typ erhalten hatte, verläßt ein Nachkriegsexemplar Nondvo, um den Kampf mit den Bergen von Swaziland aufzunehmen.

Rechts: Der tiefe Bergeinschnitt bei Nondvo bildet den Rahmen für eine Lok 700, die sich mit leeren Wagen bergauf arbeitet. Die Hügel im Hintergrund sind dicht mit Kiefern bewaldet.

Über die Trockensteppe »Great Karroo«

Was Wyoming für die Union Pacific und die Vereinigten Staaten, das bedeutet die Great Karroo für die South African Railways und die Südafrikanische Republik: eine riesige Plattform für einen doppelgleisigen Handelsweg, der die Lebensader eines ganzen Volkes ist. Tatsächlich ist die Great-Karroo-Linie die ehrfurchteinflößendste und wohl die mit dem schwersten Güterverkehr der Welt belastete Dampfeisenbahnlinie überhaupt. Die Great Karroo ist eine öde Wüste in einem einsamen Landstrich. Sie ist heiß: das Hottentottenwort »karroo« bedeutet »trocken«. Sie ist groß: ihre 337 680 Quadratkilometer umfassen ein Viertel der Fläche von Südafrika. In der Größenordnung rangiert sie vor Großbritannien mit Irland – selbst Wyoming beansprucht nur 264 508 Quadratkilometer. Aber was wichtiger ist: dieser Landstrich liegt zwischen zwei dichtbevölkerten Gebieten, dem von Johannesburg und dem von Kapstadt. Und außerdem trennt er die großen Erzbergbaugebiete Südafrikas von den Häfen am Indischen Ozean.

Für den Eisenbahn-Fan, der sich in Kraankuil, Bahnhof und Kleinstadt in der Great Karroo, postiert hat, konkretisieren sich alle diese Tatsachen zu einer unablässigen Parade der mächtigsten Dampflokomotiven, die es heutzutage auf der Welt noch gibt. Wie der größte Teil der Great Karroo ist die Gegend um Kraankuil flach. Doch gibt es dort einen fast nicht wahrnehmbaren Hang, der südlich der Stadt ansteigt. Für die Lokomotivführer jedoch ist die Steigung nur allzu offensichtlich. Sie müssen ihre Lokomotive schon viele Kilometer weiter nördlich in Schwung bringen, um Geschwindigkeit aufzunehmen — anlaufnehmend für die vor ihnen liegende Steigung. Sobald eine Lok vorbeigefahren ist, hört man von weitem schon die nächste. Denn die Züge fahren auf dieser belebten Hauptlinie in 15-minütigen Abständen – rund um die Uhr.

Auch die Landschaft ist bemerkenswert. Zwischen Beaufort West und De Aar bieten die drei unter der Bezeichnung »Drei Schwestern« bekannten Hügel eine malerische Kulisse für die massiven 2D2-Lokomotiven der SAR, die vorherrschende Maschine auf dieser Linie. Ein wenig weiter im Norden, bei Biesiesport, zwängt und windet sich die Trasse durch sedimentäre Felsformationen, die den Vergleich mit Wyoming noch stärker heraufbeschwören. Die Big Boys und die Challengers sind seit mehr als einem Jahrzehnt verschwunden. Aber die 2D2-Zugmaschinen der SAR lassen Tag für Tag jenes große Abenteuer neu aufleben, das sich einst auf Hunderten von Hauptstrecken in den Vereinigten Staaten und in der ganzen Welt abspielte.

Vorige Seiten: Ob man sie auf einem Damm gegen den blauen Himmel beobachtet oder ob man sie von einem Hügel herab in weiter Wüste dahinfahren sieht — zweifellos passen die mächtigen 2D2-Kondenstender-Loks, Baureihe 25 der South African Railways, sich der Weite der Great Karroo an, die zu überwinden ihre Bestimmung ist.

Unten: Eine 25er Lok auf der Kimberley-Beaufort-West-Linie entwickelt blaue Rauchschwaden. Die SAR besitzt 90 Stück von diesem Typ. Der Abdampf aus den Zylindern wird in den langgestreckten Tender geleitet, wo er kondensiert. Das Wasser wird für den Wiedereintritt in den Kessel gereinigt. Dieser Prozeß spart das hier meist rare Wasser.

Rechts: Abgesehen von der Kondensationseinrichtung und dem Tendertyp sind die 25NC-Lokomotiven und die 2D2-Loks der Baureihe 25 absolut identisch. Hier fahren sie voreinandergekoppelt bei Nelspoort. Lokomotiven in Doppeltraktion sind bei der SAR selbst auf flacheren Strecken üblich.

Rechts unten: Die Eisenbahn-Stadt: De Aar, auf halbem Weg zwischen Kimberley und Beaufort West gelegen, ist ein wichtiger Lokomotivenwechsel- und -wartungspunkt.

Eine 2D2 der Baureihe 25NC (ohne Kondenstender) und eine 2D2 der Baureihe 23 mit einem Güterzug auf der Fahrt nach Süden, gewinnen auf der Fahrt durch Kraankuil an Tempo. Die SAR besitzt 50 Loks der Baureihe 25NC, die 1953 in Deutschland und 1954 in Schottland hergestellt wurden. Die 2D2 der Baureihe 23 wurden 1938/39 gebaut. Kein anderes Land verfügt über so viele verschiedenartige und starke Dampflokomotiven.

Der Lootsberg-Paß

Eine Nebenlinie der Great-Karroo-Bahn beginnt in der Mossel Bay am Indischen Ozean und zieht sich landeinwärts durch das Provinzzentrum Graaff-Reinet nach Rosmead in der Great Karroo: ihr im Weg liegt der Lootsberg-Paß.
Die meisten Züge, die Rosmead Richtung Süden verlassen, werden von zwei Lokomotiven gezogen. Die Dampfkraft wird von den leichten 2D1-Lokomotiven und hin und wieder von 1D2-Loks erbracht. Die vielen Kurven und die Enge der Strecke verbieten den Einsatz von stärkeren Zugmaschinen. Die Lokomotiven dampfen nach Jagpoort. Hier wird die vordere Lokomotive abgekuppelt und ans Zugende gestellt. Sobald Wasser aufgefüllt und das Feuer gesäubert ist, ziehen und schieben die Lokomotiven die Wagenreihe über eine Steigung von 25 Promille zur Höhe von Lootsberg hinauf. Sobald dieser einsame Paß erreicht ist – einer der wenigen Plätze in Südafrika, wo mit Schnee gerechnet werden muß –, wird die Schiebelokomotive abgehängt. Sie kehrt nach Rosmead zurück. Für die in nördlicher Richtung fahrenden Züge ist die Steigung nicht ganz so stark, und für gewöhnlich werden nur bei Schnellzügen zwei Lokomotiven eingesetzt. Dennoch müssen auch diese Züge einen kurvigen Anstieg zur Lootsberg-Höhe hinter sich bringen. Hier drosselt der Lokomotivführer die Dampfzufuhr und läßt den Zug die ganzen 58 Kilometer nach Rosmead sozusagen »im Freilauf« hinabrollen.

Der zweimal wöchentlich verkehrende Mossel Bay — Johannesburg-Expreß nähert sich dem Gipfel des Lootsberg-Passes. Die Lokomotiven sind eine 1D2 der Baureihe 24 und eine 2D2 der Baureihe 19B.

Links oben: Kurze Züge, wie der von Rosmead nach Süden fahrende Nahgüterzug, benötigen am Paß keine Zusatzlokomotive. Man fährt bis Bethseda Road, wo Lok und Besatzung der von Graaf-Reinet kommenden Züge abgelöst werden, und kehrt dann nach Rosmead zurück.

Links unten: Wir fahren auf dem Tender der zweiten der beiden 19B-Loks, die den Mossel-Bay—Johannesburg-Expreß zum Gipfel ziehen.

Rechts oben: Eine 19B-Lok mit einem kurzen Nahgüterzug geht ohne Hilfe die Steigung bei der Anfahrt auf den Bahnhof Jagpoort an.

Rechts unten: Ein schwerer Güterzug verläßt Jagpoort mit je einer 19B als Zug- und Schiebelok.

Folgende Seite: Der Personenzug nach Norden benötigt für die Fahrt zum Gipfel eine Zusatzlokomotive am Zugende. Oben wendet die Zusatzlok und fährt nach Rosmead zurück.

Übernächste Seite: Eine 2D1 mit einem nordwärts fahrenden regionalen Güterzug überquert auf der Fahrt nach Rosmead die Berge oberhalb von Blouwater.

Der Arthur-Paß über Neuseelands südliche Alpen

Neuseeland, wie man es von den Reiseplakaten kennt, ist ein ruhiges, idyllisches Land mit Schafen, Milchprodukten und einer bezaubernden Landschaft. Für den Eisenbahner jedoch ist Neuseeland ein hartes, kompromißloses Land. Seine Berge stellten vor Jahren schon den technischen Einfallsreichtum der eingewanderten britischen Siedler auf eine mehr als harte Probe. Die Schlacht entbrennt immer wieder neu, tagaus, tagein: an den Hängen des berühmten Raurimu Spiral auf der Nordinsel und am Arthur-Paß auf der Südinsel. Heutzutage wird die Schlacht zwar per Diesel geschlagen, aber erst vor kurzem noch wurden die Lasten von Dampflokomotiven den Arthur-Paß hinaufgezogen.

Obwohl die Südinsel ein ausgedehntes, parallel zur Ostküste verlaufendes Eisenbahnnetz mit 1067 Millimeter Spurweite hat, ist die Linie über den Arthur-Paß die einzige, welche West- und Ostküste verbindet. Dampf wurde auf dieser Strecke auf zwei separaten Abschnitten eingesetzt: eine Gruppe von Lokomotiven fuhr von Springfield und Christchurch aus den Paß hinauf. Für die Fahrt durch den Tunnel unter dem Gipfel hindurch wurde die Fracht von Elektrolokomotiven übernommen. In Otira, am anderen Ende des Tunnels, warteten Dampflokomotiven, um die Züge zu ihrem Bestimmungsort Greymouth an der Westküste zu bringen. Beide Seiten des Passes wurden mit 2D1-Lokomotiven der Baureihe J betrieben. Aber nur die Christchurch-Seite verfügte über sechs 2D2-Lokomotiven der Baureihe Kb mit sogenannten Booster-Turbinen. Diese Booster sind kleine, einfachst gebaute Hilfsdampfturbinen. Sie waren im hinteren Laufdrehgestell angebracht und wurden direkt mit Frischdampf aus dem Lokomotivkessel getrieben. Nur bei schwersten Anfahrten und auf Steilrampen bei niedriger Geschwindigkeit wurden sie über Getriebe mit den Laufrädern gekuppelt, sonst waren sie abgeschaltet. So trugen die Laufräder nicht nur das Gewicht der Feuerbüchse, sondern erhöhten auch zeitweilig die Zugkraft. Booster wurden in den Vereinigten Staaten häufig benutzt, dennoch waren sie keineswegs weit verbreitet. In der übrigen Welt wurden sie nur sehr begrenzt eingesetzt. Bei Lokomotiven von 1067 Millimeter Spurweite fand man sie vollends selten. Die 2D2-Loks der Baureihe Kb der New Zealand Government Railway waren möglicherweise die einzigen Schmalspurlokomotiven mit einer solchen Ausstattung.

Rechts: Eine dreiteilige Elektrolok kehrt nach Otira zurück, nachdem sie einen Güterzug durch den langen Tunnel unter dem Arthur-Paß hindurchgezogen hat.

Unten: Die Eisenbahnstrecke der New Zealand Government Railways führt durch das Tal des Waimakariri-Flusses zum Arthur-Paß. Die stärkste Dampflok Neuseelands, eine 2D2 der Baureihe Kb, überquert den Fluß acht Kilometer vor der Arthur-Paßhöhe.

Rechts: Dampf und das Licht der späten Nachmittagssonne hüllen zwei J-Loks im Lokomotivschuppen von Greymouth in einen goldenen Nebel.

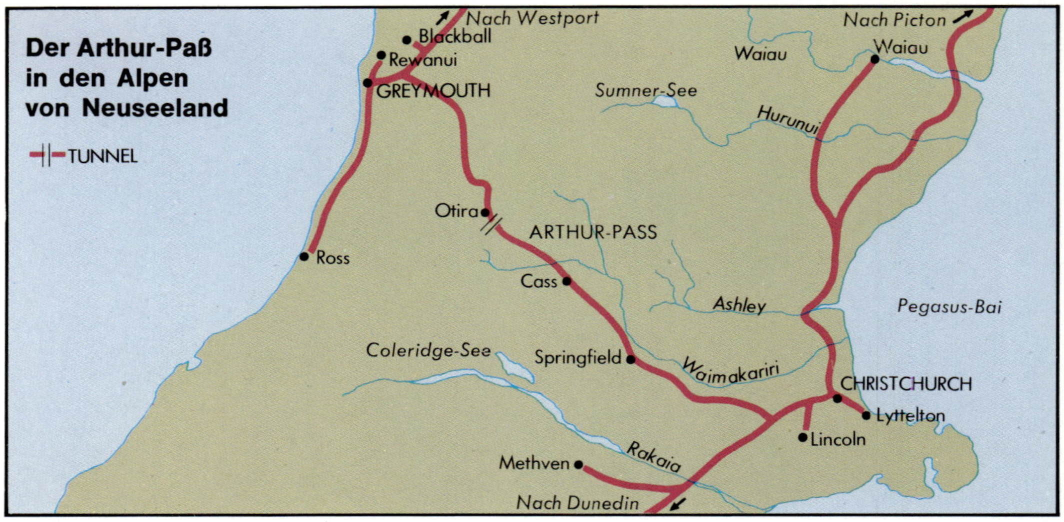

Unten: Eine 2D1, Baureihe 7, steht bei einbrechender Dunkelheit in Otira unter dem Fahrdraht, nachdem sie einen Güterzug von Greymouth hereingebracht hat.

1209

Durch Neu-Südwales mit Volldampf nach Sydney

Mit dem Begriff »Short North« könnten die meisten Eisenbahner der Welt nichts verbinden. Aber dort unten, in Australien, sind diese Worte ein Synonym für das große Abenteuer. Short North ist die Hauptlinie der New South Wales Government Railways und führt von Sydney in nördlicher Richtung nach Newcastle. Diese Linie gehört, zusammen mit der Südlinie von Sydney nach Goulburn und der Orange-Dubbo-Linie im westlichen Neu-Südwales zu den letzten Strecken, auf denen die riesigen Beyer-Garratt-Dampflokomotiven der Baureihe AD60 entlangstampfen.

Die Beyer-Garratt ist eine ungewöhnliche Dampflok-Konstruktion, die ihre größte Verbreitung in Afrika und Australien fand. Um einerseits genügend Zugkraft zu gewinnen und andererseits (besonders für den Gebrauch auf Leichtschienen) das Gewicht auf den Treibrädern niedrig zu halten, verwendet die Garratt-Konstruktion zwei dampfgetriebene Drehgestelle, die durch den eigentlichen Lokrahmen mit dem Kessel verbunden werden. Auf dem vorderen Drehgestell sitzt der Wassertank, auf dem hinteren der Kohlebunker. Damit wurde das Gewicht des Kessels gleichmäßig auf die Treibräder und die kleineren Laufräder verteilt. Die AD60 mit 2D2+2D2-Radanordnung sind die größten Garratts der Welt.

Vom Zentrum Sydney aus gehen Eisenbahnlinien in alle Richtungen wie die Speichen eines Rades. Die stark befahrenen Strecken sind auf den ersten 60 oder 80 Kilometern elektrifiziert. Auf der Short North endet die Elektrifizierung in Gosford; die 87-Kilometer-Strecke nach Newcastle wird von den Dampflokomotiven bedient. Unterwegs müssen die Garratts zwei steile Anhöhen erstürmen: eine Steigung mit 23 Promille den Hawkmount hinauf und eine weitere mit 25 Promille bei Fassifern. Mit gleichmäßiger Geschwindigkeit und donnerndem Schnauben nehmen die AD-Loks diese Abhänge, die sich ihnen unterwegs entgegenstellen. Sie bewältigen sie mit der gleichen Selbstverständlichkeit, mit der sie zwischen Dubbo und Orange Kohle und Erz befördern und mit der sie im Höchsttempo über die flacher verlaufende Südlinie brausen.

Die Garratts werden unterstützt von den Pacifics der Baureihe 38. Diese Zugmaschinen eignen sich ebenso für Expreßgüterzüge wie für Personenzüge Erster Klasse, wie die »Newcastle Flyers« zum Beispiel. Die 38er Loks werden häufig mit Geschwindigkeiten von rund 130 Stundenkilometer über die Short North zwischen Gosford und Newcastle geschickt – eine schwierige Linie, die sowohl für ihre geschwindigkeitsdrosselnden Kurven als auch für ihre Steigungen berüchtigt ist. Dreißig von den 38er Loks baute man zwischen 1943 und 1949 in Australien. Sie wurden in zweierlei Ausführungen vorgestellt: die Verkleidung ganz oder teilweise in Stromlinienform – und mit zweierlei Farbanstrich: grün mit gelber und schwarz mit roter Verzierung.

Unten: Eine der fünf stromlinienverkleideten Pacifics der Baureihe 38 erwartet bei Sonnenuntergang die Abfahrt aus Newcastle. Der 2C1 gegenüber steht eine 2C der Baureihe 36.

Rechts: Eine 2C1 der Baureihe 38 verläßt den Bahnhof von Newcastle mit dem »Newcastle Flyer« Richtung Sydney; im Hintergrund eine 2C.

Rechts unten: Die New South Wales Government Railways besaßen 25 halbstromlinige Pacifics. Eine davon war die Nr. 3809, hier abgebildet im Broadmeadow-Bahnbetriebswerk in Newcastle.

Oben: Weizen und Kohle, die Hauptprodukte der australischen Wirtschaft, sind auf dieser Abbildung sichtbar. Eine Beyer-Garratt bringt einen Kohlenzug von Dubbo nach Orange in Neu-Südwales.

Unten: Die Superstars: die Pacifics, Baureihe 38, galten als hervorragendste Dampflokomotiven von ganz Australien. Einige waren leuchtend grün lackiert, was die Bewunderung nur noch steigerte.

Oben: Obwohl die Pacifics, Baureihe 38, Australiens höchstgepriesene Schnellzugloks waren, wurden sie häufig auch für Güterzüge eingesetzt. Diese stromlinienverkleidete 38er Lok verläßt den Bahnhof von Tallong auf der Südlinie von Goulburn nach Sydney.

Unten: Dämmerung in Australien: eine Beyer-Garratt bringt in hartem Einsatz einen Güterzug von Dubbo nach Orange.

Java ist ein Lokomotivenmuseum

Das Pendant zum Archäologen, der die Ruinen einer vergangenen Zivilisation durchforscht, ist im Eisenbahnwesen der Liebhaberfotograf, der sich aufmacht ins Inselland Indonesien. Der Eisenbahn-Fan hat jedoch einen unbestreitbaren Vorteil. Auf einer Insel wie Java findet er nicht nur die Überbleibsel eines einst bedeutenden Eisenbahnnetzes vor, sondern er kann auch noch immer arbeitende Lokomotiven bestaunen, die sowohl die Verheerungen durch die Zeit wie die Vernachlässigung durch den Menschen überstanden haben.

Java ist ein Lokomotivenmuseum – und zugleich einer der letzten Zeugen des großen Abenteuers, das seinen Anfang im späten 19. Jahrhundert nahm, als holländische Kolonisten die Eisenbahn in das damalige Niederländisch Ostindien einführten. Die ersten Trassen folgten den flachen Küstenebenen und verlangten nur kleine, leichtgewichtige Lokomotiven. Im 20. Jahrhundert fraßen sich die schimmernden Stahlbänder auch landeinwärts, um die Vulkane im Inneren Javas zu erklimmen. Mächtigere Lokomotiven waren notwendig, um die Steigungen von 20, 30 oder gar 40 Promille zu bewältigen. Kleine Mallet-Lokomotiven, B+B2T (das »T« bedeutet, daß die Lokomotive ihren eigenen Wassertank mit sich führt, der seitlich neben dem Kessel angebracht ist, ebenso wie der Kohlenvorrat in einem Kasten hinter dem Führerstand, was natürlich einen Schlepptender überflüssig macht) wurden 1907 und 1908 aus Deutschland importiert. Große Tenderlokomotiven trafen im Laufe des folgenden Jahrzehnts aus Übersee ein, aus dem holländischen Mutterland wie auch aus Deutschland.

Es zeigte sich bald, daß noch größere Lokomotiven vom konventionellen Schlepptendertyp benötigt wurden. 1916 lieferte die nordamerikanische Firma Alco acht 1D+D-Mallet-Lokomotiven. Sie waren von eindrucksvoller Größe, obwohl sie für eine Spurweite von nur 1067 Millimeter bestimmt waren. Alco baute 1919 noch zwölf weitere. Dann wandte die Eisenbahnverwaltung sich wieder an holländische und deutsche Konstrukteure, um eine Nachkriegsorder von 1D+D1-Loks zu tätigen. Obendrein wurden leichte 1C+C1-Loks in der Schweiz bestellt. Neben dem Haupteisenbahnnetz, das mit der in den Kolonien üblichen Spurweite von 1067 Millimeter gebaut wurde, entwickelten sich viele Eisenbahnkilometer mit noch schmalerer Spur, um speziellen Transportbedürfnissen entgegenzukommen. Die angeborene holländische Ordnungsliebe wurde von den Insel-Eisenbahnern übernommen. Die Eisenbahn in der Kolonie wurde eines der leistungsfähigsten und bestorganisierten Systeme der Welt.

Die Dampflokomotiven überlebten die japanische Besetzung während des Zweiten Weltkriegs, und sie blieben auch in Betrieb, als Indonesien unabhängig wurde. In der Mitte der sechziger Jahre begannen sich die Dieselloks aus der DDR durchzusetzen. Zu dieser Zeit jedoch hatten mangelnde Wartungskenntnisse, gepaart mit der ruinösen Wirtschaftspolitik von Präsident Sukarno, bereits zu einer fortschreitenden Verschlechterung des Eisenbahnnetzes und seines Dampflokbestands geführt. Reparaturbedürftige Lokomotiven wurden zum Verrosten auf unbenutzte Seitengleise abgeschoben.

Heutzutage bereiten sich die javanischen Eisenbahnen unter Präsident Suharto auf ein Comeback vor.

Links: Eine Mallet-Tenderlok überquert die hohe Brücke bei Lebakdjero mit dem gemischten Zug von Tjibatu nach Tjitjalengka vor der malerischen Kulisse eines Vulkans.

Rechts oben: Jugendliche fahren in und auf dem gemischten Zug von Bandung nach Tjibatu. Hier verläßt der von einer 1D+D1 gezogene Verband Leles.

Rechts: Der gemischte Zug von Kertosono nach Bliter wird von einer 2C2-Tenderlok angetrieben. Das Wasser für den Dampfkessel wird in dem Behälter am Kesselumgang mitgeführt.

Folgende Seiten: Lokomotiven wie die 1C+C-Mallet-Tenderlok werden auf dieser alten Drehscheibe in Tjibatu immer noch im Handbetrieb gewendet.

DD 5208

C 2724

CC10 22

Oben: In verkehrstechnisch unerschlossenen Gegenden wie auf der Insel Java sind die Menschen auf die Eisenbahn als Haupttransportmittel angewiesen. Bei Nagrak hat eine ölgefeuerte 1C+C einen gemischten Zug im Schlepp.

Links: 2B war die Radanordnung der Loks, die als erste Nordamerika durchquerten. In Java befinden sich die 2B-Zugmaschinen noch täglich im Einsatz. Es ist also wahrlich keine Übertreibung, wenn man die Insel als ein echtes Lokomotivenmuseum bezeichnet.

Rechts: Krupp in Deutschland baute diese stämmige 1D1. Die gebogenen stählernen Windleitbleche beiderseits der Rauchkammer sind Rauchableiter. Sie bewirken einen Luftstrom, der den Rauch hoch über das Führerhaus hinwegtreibt.

Japanischer Dampfbetrieb im Schnee

Will man das große Eisenbahn-Abenteuer in Japan wahrhaft genießen, muß man zuvor zwei Dinge tun: man muß die Bilder von den wimmelnden Straßen von Tokio in der Erinnerung auslöschen ebenso wie friedliche Reisfelder in der Mittagshitze, und vor allem muß man vergessen, daß man jeweils von den japanischen Superzügen und der Tokaido-Linie gehört hat. Es gibt ein Japan, das all den verbreiteten Vorstellungen widerspricht, man findet es auf der nördlichen Insel Hokkaido.
Hokkaido ist die asiatische Bühne für das große Eisenbahnabenteuer. In dieser Eigenschaft rufen seine noch arbeitenden Dampflokomotiven nicht nur die Erinnerung an die großen Abenteuerschauplätze in anderen Teilen der Welt wach, sondern sie sind auch von einem optischen Reiz, den man sonst nirgends mehr auf der Welt findet. Nirgendwo sonst (mit der möglichen Ausnahme von China, Korea und vielleicht Sibirien) kämpfen die Dampflokomotiven noch den totalen Kampf mit den winterlichen Schneefällen. In den Bergen zwischen Hokkaidos Seehafen Hakodate und der Hauptstadt Sapporo bedeckt der Schnee die 1067 Millimeter breiten Hauptliniengleise der japanischen Staatsbahnen. Auch Nebenstrecken auf der ganzen Insel sind heftigem Schneefall ausgesetzt. Nur die Bemühungen der Eisenbahnarbeiter und der Schneepflüge sowie der lebhafte Zugverkehr halten die Strecken offen. An vielen Stellen wird die Trasse von 1 bis 1,50 Meter hohen Schneewänden gesäumt, und von der ganzen Schienenanlage sind nur noch die Schienenköpfe – zwei dünne Stahlbänder – sichtbar.
Das große japanische Abenteuer wird nicht mehr lange andauern. Das Japan der Reiseplakate, das Japan der elektrisch betriebenen 125-Stundenkilometer-Normalspur-Expreßzüge wird bald das ganze Land bis in den Norden hinauf, einschließlich Hokkaido, erobern. Den Platz der einheimischen 1D1-Zugmaschinen auf den Schmalspurlinien werden Dieselloks einnehmen. Damit wird ein weiteres Kapitel des winterlichen Eisenbahnbetriebs zu Ende sein.

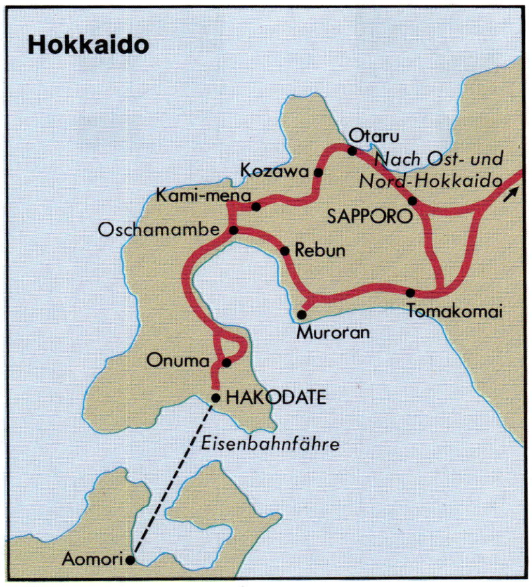

Eine 1D1 der Baureihe D52, Japans größte Dampflokomotive der letzten Jahre, fährt an der Meeresküste bei Rebun entlang. Die Kühlwagen enthalten Fisch. Die zwei Frauen unten im Bild sind beim Tangsammeln.

Rechts: Die Berge sind überwunden, und die Fahrt geht am Meer südlich von Oshamambe entlang. Nun reicht eine einzige C62 aus, um mit dem Sapporo-Hakodate-Expreß fertig zu werden.

Rechts Mitte: Der Schnee bringt Hokkaido neue Schönheit. Ein zugefrorener See, ein schneebedeckter Vulkan und eine Mikado der Baureihe D52 fügen sich zu einem glitzernden winterlichen Stimmungsbild.

Rechts unten: Die in Japan meistbewunderte Dampflokomotive ist die 2C2-Schnellzugmaschine von der Baureihe C62. Zwei C62 ziehen miteinander den Sapporo-Hakodate-Expreß bei Mena durch die Schneelandschaft.

Links: Eine D51 pausiert zwischen zwei Fahrten in Oshamambe.

Unten: Es schneit auf den Bahnhof von Oshamambe, während eine D52 Kohle aufnimmt.

Typenkennzeichnung von Lokomotiven

Zur Kennzeichnung der Achsanordnung von Lokomotiven ist in Deutschland ein Schlüsselsystem, bestehend aus Nummern und Buchstaben, gebräuchlich. Es bezeichnet die erste Nummer die Zahl der vorderen Laufradsätze (= Achsen), der Buchstabe die Zahl der angetriebenen, direkt gekuppelten Radsätze (A=1; B=2; C=3; D=4; E=5 usf.) und die letzte Nummer die Zahl der hinteren Radsätze. Der Schlepptender wird nicht besonders erwähnt. Sofern Radsätze gegen den eigentlichen Lokrahmen beweglich in einem besonderen Laufgestell (z. B. Drehgestell oder Krauss-Helmholtz-Gestell) gelagert sind, so wird dies manchmal zusätzlich durch einen hochgestellten Strich vermerkt.

Besteht die Lokomotive aus mehreren laufwerks- und antriebsmäßig gleichsam unabhängigen Teilen, so werden diese Komponenten durch ein + verbunden. (Beispiel: mehrteilige Diesellok, Dampflok in Mallet- oder Beyer-Garratt-Bauweise.) Beispiel 2′C1′ Schnellzuglok, vorn ein zweiachsiges Laufdrehgestell, dann drei gekuppelte Treibachsen, hinten ein einachsiges Schlepplaufgestell.

Demgegenüber dominiert im angelsächsischen Eisenbahnwesen das System von Whyte, das nicht die Radsätze, sondern die Räder zählt. Dies ist an sich wenig logisch, denn auf der Eisenbahn werden ausschließlich Radsätze, d. h. zwei Räder fest auf einer Achse sitzend, verwendet.

Das System von Whyte klassifiziert die Lokomotiven durch die Gesamtzahl der Räder: zuerst kommt die Anzahl der vorderen Laufräder, dann die Anzahl der großen Treibräder, gefolgt von der Anzahl der hinteren Laufräder. Die gesamte Radanzahl wird numerisch ausgedrückt, mit einem Bindestrich zwischen jeder Zahl. Beispiel: eine 2-8-4 hat somit 2 vordere Laufräder, acht Treibräder und vier hintere Laufräder. Die Räder unter dem Tender werden in dem whyteschen Klassifizierungssystem nicht berücksichtigt. Zusätzlich zu der numerischen Einteilung erhielten die meisten Radanordnungen eine populäre Bezeichnung. Diese Namen ergaben sich zumeist durch die Art des Einsatzes oder durch den Namen der Eisenbahnlinie, die mit der Einführung der Radanordnung verbunden war. Diesellokomotiven werden durch ein etwas anderes System klassifiziert. Die nebenstehende Darstellung zeigt die häufigsten Radanordnungen bei Dampflokomotiven, einschließlich der in diesem Buch genannten Typen.

Deutsches System	Whytesches System	Optisches Symbol
1-C	2-6-0	◦ ○○○
1-C-1	2-6-2	◦ ○○○ ◦
1-D	2-8-0	◦ ○○○○
1-D-1	2-8-2	◦ ○○○○ ◦
1-D-2	2-8-4	◦ ○○○○ ◦◦
1-E	2-10-0	◦ ○○○○○
1-E-1	2-10-2	◦ ○○○○○ ◦
1-E-2	2-10-4	◦ ○○○○○ ◦◦
2-B	4-4-0	◦◦ ○○
2-B-1	4-4-2	◦◦ ○○ ◦
2-C	4-6-0	◦◦ ○○○
2-C-1	4-6-2	◦◦ ○○○ ◦
2-C-2	4-6-4	◦◦ ○○○ ◦◦
2-D	4-8-0	◦◦ ○○○○
2-D-1	4-8-2	◦◦ ○○○○ ◦
2-D-2	4-8-4	◦◦ ○○○○ ◦◦
2-C+C	2-6-6-0	◦ ○○○ ○○○
2-C+C-1	2-6-6-2	◦ ○○○ ○○○ ◦
1-D+D	2-8-8-0	◦ ○○○○ ○○○○
1-D+D-1	2-8-8-2	◦ ○○○○ ○○○○ ◦
2-C+C-2	4-6-6-4	◦◦ ○○○ ○○○ ◦◦
2-D+D-2	4-8-8-4	◦◦ ○○○○ ○○○○ ◦◦

Die Fotos stammen von Victor Hand,
lediglich die auf Seite 11 unten und 16 unten von Gordon Roth, auf Seite 12 oben von Ed Nowak, auf den Seiten 45 und 48 von der Deutschen Bundesbahn und das Foto Seite 46/47 von J. Michael Mehltretter, München.